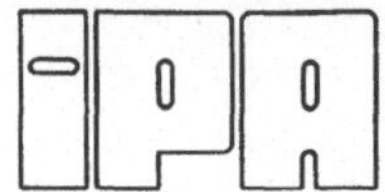

Forschung und Praxis · Band 39

**Berichte aus dem Fraunhofer-Institut
für Produktionstechnik und Automatisierung,
Stuttgart, und dem Institut
für Industrielle Fertigung und Fabrikbetrieb
der Universität Stuttgart**

Herausgeber: Prof. Dr.-Ing. H. J. Warnecke

Peter S. Nieß

Kapazitätsabgleich bei flexiblen Fertigungssystemen

Mit 57 Abbildungen

Springer-Verlag
Berlin Heidelberg New York 1980

Dipl.-Ing. Dipl.-Wirtsch.-Ing. Peter S. Nieß

Institut für Industrielle Fertigung und Fabrikbetrieb der Universität Stuttgart

Dr.-Ing. H. J. Warnecke

o. Professor an der Universität Stuttgart
Fraunhofer-Institut für Produktionstechnik und Automatisierung (IPA), Stuttgart

D 93

ISBN-13 : 978-3-540-10372-1   e-ISBN-13 : 978-3-642-81543-0
DOI : 10.1007 / 978-3-642-81543-0

Gesamtherstellung: Drucken + Werben GmbH · Löwenstraße 94 · 7000 Stuttgart 70 · Telefon (07 11) 76 49 59.
2362/3020—543210

Die Entwicklungen in der Produktionstechnik in den
letzten Jahrzehnten haben entscheidend zur positiven
wirtschaftlichen und sozialen Entwicklung in der
Bundesrepublik Deutschland beigetragen. Die Produktivität konnte jedes Jahr um durchschnittlich etwa 3,5 %
gesteigert werden. Mechanisierung und Automatisierung wurden und werden stetig weiter vorangetrieben.
Während es sich bisher jedoch um Verbesserungen an einzelnen Maschinen und Anlagen sowie Verfahren handelte,
werden heute alle Unternehmensbereiche erfaßt, und man
ist bemüht, das gesamte System Unternehmen bzw. Produktionsbetrieb zu optimieren. Das klassische Bemühen um
Optimierung des Einsatzes und Zusammenwirkens der Pro-
duktionsfaktoren Mensch, Maschine und Material muß heute
erweitert werden um die Berücksichtigung sozialer Belange,
gesetzlicher Auflagen, Probleme der Energieversorgung,
schnellen Veränderungen an den Produkten und auf den
Märkten sowie Sicherung der Qualität und der Lieferfähig-
keit.

Von wissenschaftlicher Seite wird und muß dieses Bemühen
unterstützt werden durch die Entwicklung von Methoden
und Vorgehensweisen zur systematischen Analyse und Verbesserung des Systems Produktionsbetrieb. Hier ist heute
insbesondere auch der Fertigungsingenieur gefordert,
nicht nur einzelne Maschinen und Verfahren zu beherrschen,
sondern das gesamte komplexe System hinsichtlich der Verknüpfung seiner Elemente durch zweckmäßigen Informations-
und Materialfluß. Beispielhaft seien dazu nur hinsichtlich des Informationsflusses die heute gegebenen Möglichkeiten der Datenerfassung und -verarbeitung in Fertigungsplanung und -steuerung, an den einzelnen

Produktionsanlagen sowie im Qualitätswesen genannt.
Im Materialfluß geht es um richtige Auswahl und Einsatz von Fördermitteln, Förderhilfsmitteln sowie Anordnung und Ausstattung von Lägern. Der weiteren Automatisierung in der Handhabung von Werkstücken und Werkzeugen sowie der Montage von Produkten wird in nächster Zukunft allergrößte Aufmerksamkeit geschenkt werden. Leistungsfähige Sensoren werden die Möglichkeiten dafür sehr stark vergrößern.

Die beiden vom Herausgeber geleiteten Institute, das Institut für Industrielle Fertigung und Fabrikbetrieb der Universität Stuttgart sowie das Fraunhofer-Institut für Produktionstechnik und Automatisierung in Stuttgart, arbeiten in grundlegender und angewandter Forschung intensiv an den aufgezeigten Entwicklungen in der Produktionstechnik mit. Zur Umsetzung gewonnener Erkenntnisse wird die Schriftenreihe "IPA Forschung und Praxis" herausgegeben. Der vorliegende Band setzt diese Reihe fort, eine Übersicht über bisher erschienene Titel wird am Schluß dieses Bandes gegeben.

Dem Verfasser sei für die geleistete Arbeit gedankt, dem Springer-Verlag für die Aufnahme dieser Schriftenreihe in seine Angebotspalette und der Druckerei für saubere und zügige Ausführung. Möge das Buch von der Fachwelt gut aufgenommen werden.

Hans-Jürgen Warnecke

V o r w o r t

=============

Die vorliegende Arbeit entstand während meiner Tätigkeit am Institut für Industrielle Fertigung und Fabrikbetrieb der Universität Stuttgart. Sie versteht sich als Teil eines umfassenden Konzepts, das im Teilprojekt "Fertigungssteuerung" am genannten Institut im Rahmen des Sonderforschungsbereiches "Flexible Fertigungssysteme" der Universität Stuttgart entwickelt wurde. Ziel des Teilprojektes war es, ein Fertigungssteuerungs-System zu entwerfen und auf seinen praktischen Einsatz hin zu testen, das den Ansprüchen der modernsten und zukunftsweisendsten Art der Fertigung gerecht werden sollte.

Herrn Prof.Dr.-Ing. H.J. Warnecke danke ich für die wohlwollende Unterstützung und großzügige Förderung, die er meiner Arbeit zuteil werden ließ. Aufrichtiger Dank gilt den anderen Bearbeitern des Teilprojektes, den Diplom-Ingenieuren O. Giuliani und U. Maier, für die wertvollen Anregungen für meine Arbeit sowie für die stets vorbildliche Zusammenarbeit zum Wohle des Ganzen. Bei Herrn Dipl.Ing. H. Widmaier bedanke ich mich herzlich für die Hilfe beim Ausarbeiten, Programmieren und Testen der im Rahmen meiner Arbeit dargestellten Programmbausteine.

Ferner schulde ich besonderen Dank Herrn Prof.D Techn.h.c. Dipl.Ing. K.Tuffentsammer für das Interesse an meiner Arbeit sowie für die Hinweise, die diese Arbeit positiv beeinflußt haben.

Stuttgart, September 1980   Peter S. Niess

INHALTSVERZEICHNIS

A	Belastungsabweichung (bei FUNKAP bezogen auf die abzugleichende Periode, bei MAKAP bezogen auf den gesamten abzugleichenden Zeitraum) (in %)
AAGN	Ausgeschlossener Arbeitsvorgang (ohne Dimension)
A (F)	Belastungsabweichung, bezogen auf eine Bearbeitungsfunktion (in %)
AFS	Arbeitsfortschrittsstufe (ohne Dimension)
AGN	Arbeitsvorgangsnummer (ohne Dimension)
A (M)	Belastungsabweichung, bezogen auf eine Bearbeitungsstation (in %)
ANR	Auftragsnummer (ohne Dimension)
A (P)	Belastungsabweichung, bezogen auf eine Periode (in %)
A (PAB)	Belastungsabweichung bis zur abzugleichenden Periode (in %)
AZ	Belastungsabweichung, bezogen auf den gesamten Abgleichszeitraum (in %)
ARBGA	Programmteil für das Bestimmen der Reihenfolge, in der die Aufträge den Maschinen zugeordnet werden.
AUFTRA	Programmteil für das Ermitteln des Auftrags mit dem größten Auftragsvolumen
B	Funktionsbereich einer Bearbeitungsfunktion (ohne Dimension)
BELAST	Programmbaustein für das Ermitteln des Belastungsprofils und der Belastungsabweichungen
BELFUK	Programmteil für das Ermitteln der Gesamtbelastung je Funktionskombination
B (F)	Belastung, bezogen auf eine Bearbeitungsfunktion (in Kapazitätseinheiten KE/1 KE $\hat{=}$ 8 Std.)
B (M)	Belastung, bezogen auf eine Bearbeitungsstation (in Kapazitätseinheiten KE/1 KE $\hat{=}$ 8 Std.)
BNR	Nummer des Funktionsbereichs einer Bearbeitungsfunktion (ohne Dimension)
B (P)	Belastung, bezogen auf eine Periode (in Kapazitätseinheiten KE/1 KE $\hat{=}$ 8 Std.)
BZ	Bearbeitungszeit (in min.)
DIF	Betrag der zu wenig abgebauten Über- bzw. Unterlastung (in Kapazitätseinheiten KE/1 KE $\hat{=}$ 8 Std.)
D	Differenzwert (größter Betrag der Differenz DIF) (in Kapazitätseinheiten KE/1 KE $\hat{=}$ 8 Std.)
EINLES	Programmbaustein für das Einlesen der Kapazitäts- und der Auftragsdaten

EINMAS	Programmbaustein für das Einlagern von Arbeitsvorgängen
EINZEI	Programmbaustein für das Einlagern von Aufträgen
EINZEL	Programmteil für das Ermitteln der Gesamtbelastung je Bearbeitungsfunktion
ERG	Ergänzende Bearbeitungsstation (ohne Dimension)
ERS	Ersetzende Bearbeitungsstation (ohne Dimension)
EST	Einstufige Fertigung (ohne Dimension)
F	Bearbeitungsfunktion (ohne Dimension)
FBT	Frühester Beginntermin (in Fabrikkalendertagen)
FET	Frühester Endtermin (in Fabrikkalendertagen)
FUNKAP	Programm für den funktionalen Kapazitätsausgleich im flexiblen Fertigungssystem
FUNKER	Programmteil für das Ermitteln der Funktionskombination
FUNKOM	Programmteil für das Ermitteln der Belastung der Funktionskombinationen durch einen Auftrag
GÜ	Gerichtete Übergangsbeziehungen (ohne Dimension)
KA	Rest des Auftragsvolumens, das keinen Abbau bewirkt (in Kapazitätseinheiten KE/1 KE $\hat{=}$ 8 Std.)
KE	Kapazitätseinheit (entspricht der Kapazität je Schicht = 8 Std.)
K (M)	Kapazität, bezogen auf eine Bearbeitungsstation (in Kapazitätseinheiten KE)
K (F)	Kapazität, bezogen auf eine Bearbeitungsfunktion (in Kapazitätseinheiten KE)
KN	Kapazitätsnachfrage (= Belastung) (in Kapazitätseinheiten KE)
KOG	Kapazitätsobergrenze (in Kapazitätseinheiten KE)
KOGER	Programmteil für das Berechnen der Kapazitäts - obergrenze
KUG	Kapazitätsuntergrenze (in Kapazitätseinheiten KE)
KUGER	Programmteil für das Berechnen der Kapazitätsuntergrenze
KÜ	keine Übergangsbeziehungen (ohne Dimension)
IT	Steuerparameter, der anzeigt, ob ein technologischer Abgleich möglich ist (ohne Dimension)
M	Bearbeitungsstation (ohne Dimension)
MAKAP	Programm für den maschinenorientierten Kapazitätsabgleich im flexiblen Fertigungssystem
MASCHI	Programmteil für das Zuordnen von Arbeitsvorgängen und Maschinen

MNACH	Nachfolgende Bearbeitungsstation (ohne Dimension)
MVOR	Vorangehende Bearbeitungsstation (ohne Dimension)
NAFS	Nächste Arbeitsfortschrittstufe (ohne Dimension)
NAGN	Nächster Arbeitsvorgang (ohne Dimension)
P	Periode (ohne Dimension)
PA	Steuerparameter, der anzeigt, ob noch Aufträge mit positivem Verlagerungswert ausgelagert werden können (ohne Dimension)
PAB	Abzugleichende Periode (ohne Dimension)
PE	Steuerparameter, der anzeigt, ob noch Aufträge mit positivem Verlagerungswert eingelagert werden können (ohne Dimension)
PERAB	Programmbaustein für die Ausgabe des abgeglichenen Auftragsspektrums
PERSUM	Programmteil für das Ermitteln der Periode mit der größten Überlastung (UBSUM) bzw. Unterlastung (UNSUM)
PM	Steuerparameter, der anzeigt, ob einer Maschine ein Arbeitsvorgang zugeordnet ist, durch dessen Verlagern die Belastungssituation verbessert werden kann (ohne Dimension)
PP	Steuerparameter, der anzeigt, ob die Belastungssituation einer Periode durch technologischen Abgleich verbessert werden kann (ohne Dimension)
PSPERR	Steuerparameter, durch den ein Auftrag für Verlagerungsmaßnahmen gesperrt wird (ohne Dimension)
R	absolute Redundanz (in Stück)
r	relative Redundanz (ohne Dimension)
RANGER	Programmteil für das Bestimmen des Rangs einer Funktionskombination
RF	Rang einer Funktionskombination (ohne Dimension)
STEUER	Programmbaustein zur Steuerung und Überwachung von Abgleichsmaßnahmen
SET	Spätester Endtermin (in Fabrikkalendertagen)
SBT	Spätester Beginntermin (in Fabrikkalendertagen)
T	Toleranzgrenze (in %)
TAM	Toleranzgrenze für die Belastungsabweichung, bezogen auf eine Bearbeitungsstation (in %)
TAP	Toleranzgrenze für die Belastungsabweichung, bezogen auf eine Periode (in %)
TAPS	Toleranzgrenze für die Belastungsabweichung, bezogen auf eine Summe von Perioden (in %)
TE	Teilweise ersetzende Bearbeitungsstation (ohne Dimension)

UB	Überlastungswert (in Kapazitätseinheiten KE)
UBSUM	Programmteil für das Ermitteln der Periode mit der größten Überlastung
UBUN	Programmteil für das Ermitteln von Überlastungswert UB und Unterlastungswert UN
UN	Unterlastungswert (in Kapazitätseinheiten KE)
UNSUM	Programmteil für das Ermitteln der Periode mit der größten Unterlastung
V	Auftragsvolumen (in Kapazitätseinheiten KE)
VERLAG	Programmteil für das Bestimmen der Verlagerungsrichtung
VST	Variabelstufige Fertigung
VW	Verlagerungswert (in Kapazitätseinheiten KE)
VWT	Technologischer Verlagerungswert (in Kapazitätseinheiten KE)
VWTAUS	Programmteil für das Berechnen des technologischen Verlagerungswerts beim Auslagern eines Arbeitsvorgangs
VWTEIN	Programmteil für das Berechnen des technologischen Verlagerungswerts beim Einlagern eines Arbeitsvorgangs
VWZ	Zeitlicher Verlagerungswert (in Kapazitätseinheiten KE)
VWZAUS	Programmteil für das Berechnen des zeitlichen Verlagerungswerts beim Auslagern eines Auftrags
VWZEIN	Programmteil für das Berechnen des zeitlichen Verlagerungswerts beim Einlagern eines Auftrags
WB	Belastungswert (in Kapazitätseinheiten KE)
WE	Entlastungswert (in Kapazitätseinheiten KE)
WEITER	Programmteil für das Ergänzen der Belastungswerte um eine weitere Periode
WF	Wahlfreie Übergangsbeziehungen (ohne Dimension)
WN	Wartezeit nach Bearbeitung (in min)
WV	Wartezeit vor Bearbeitung (in min)

1 PROBLEMSTELLUNG

1.1 Aufgaben der Fertigungssteuerung

Die Fertigungssteuerung beinhaltet nach der Definition des
AWF (Ausschuß für wirtschaftliche Fertigung) alle wiederholt
anfallenden Aufgaben, die für einen Vollzug der Fertigung
im Sinne der Fertigungsplanung durchzuführen sind. Sie zer-
fällt in einen planenden, einen im engeren Sinne steuernden
und einen überwachenden Anteil. Während die Fertigungsplanung
festlegt, wie (mit welchen Fertigungsverfahren?) ein Produkt
zu fertigen ist, entscheidet der planende Anteil der Fertigungssteuerung darüber, was (welche Produkte?), wieviel
(in welchen Mengen?), wann (zu welchem Zeitpunkt?) und letzt-
lich auch wo (auf welchem der laut Arbeitsplan möglichen Ar-
beitsplätze?) gefertigt werden soll. Der steuernde und der
überwachende Anteil (der oft auch als organisatorischer Infor-
mationsfluß bezeichnet wird) hat dann dafür zu sorgen, daß die
Sollvorgaben des planenden Anteils eingehalten werden. Im
Mittelpunkt der weiteren Ausführungen steht der Problemkreis
des planenden Anteils der Fertigungssteuerung (oft auch als
Ablaufplanung bezeichnet); die Problemkreise der organisatorischen
Steuerung und Überwachung sowie die Verknüpfung zum übergeordneten betrieblichen Fertigungssteuerungssystem werden nur inso-
weit betrachtet, als dies für die Entwicklung geeigneter Pla-
nungsverfahren von Bedeutung ist.

1.2 Fertigungssteuerung flexibler Fertigungssysteme

Im flexiblen Fertigungssystem sind die unmittelbar vor Fertigungs-
beginn anfallenden Aufgaben der Fertigungssteuerung durchzuführen.
Hierzu gehören die tägliche Auftragszusammenstellung sowie die
Planung, Steuerung und Überwachung des örtlichen ("Routing") und
des zeitlichen ("Sequencing") Auftragsdurchlaufs. Diese Aufgaben
müssen im flexiblen Fertigungssystem im Gegensatz zur herkömmlichen
Werkstattfertigung, bei der die kurzfristige Fertigungssteuerung
manuell vom Meister oder Arbeitsverteiler abgewickelt wird, auto-
matisiert ablaufen. Die mittel- und langfristige Mengen- und Ter-
minplanung verbleibt bei der übergeordneten, gesamtbetrieblichen
Fertigungssteuerung, die die Koordination der Fertigungsbereiche
übernimmt und die Eckdaten liefert.

1.3 Anforderungen an die Fertigungssteuerung

Der Einsatz flexibler Fertigungssysteme ist mit hohen Entwick-
lungs- und Investitionskosten verbunden. Er ist daher wirt-
schaftlich nur dann erfolgreich, wenn gegenüber der herkömmlichen Fertigung eine Ertragssteigerung erzielt wird. Insbesondere sollte die Kapazitätsausnutzung der Bearbeitungsmaschinen
deutlich erhöht und die Durchlaufzeit der Aufträge bzw. die
Kapitalbindung beträchtlich gesenkt werden können. Außerdem
müßte man die Termine besser einhalten und Personal sparen
können. Hieraus lassen sich, wie nachfolgend beschrieben, eine
Reihe von Anforderungen an die Fertigungssteuerung ableiten.

Eine deutliche E r h ö h u n g d e r K a p a z i t ä t s -
a u s n u t z u n g setzt einerseits voraus, daß das flexible
Fertigungssystem täglich zwei oder drei Schichten arbeitet. Damit
Personal nur während der Tagschicht anwesend zu sein braucht, hat
die Fertigungssteuerung für eine entsprechende Einplanung manueller
Tätigkeiten zu sorgen. Andererseits müssen, wenn die Kapazitätsausnutzung gesteigert werden soll, Leerzeiten und Ausfälle der Bearbeitungsstationen infolge Unterbelastungen oder ungünstiger Auftragsrei-
henfolgen (sogenannte "ablaufbedingte" Leerzeiten) oder infolge Störungen ("störungsbedingte" Leerzeiten) verringert werden.

Um ablaufbedingte Leerzeiten zu vermeiden, hat die Planung für
die lückenlose Belegung der Bearbeitungsstationen zu sorgen.
Damit die Bearbeitungsstationen nicht während des An- und Ab-
transports der Teile stillstehen, muß die organisatorische
Steuerung Transport- und Lagervorgänge rechtzeitig einleiten.
Um störungsbedingte Leerzeiten gering zu halten, ist es erforderlich, daß Planabweichungen im ständigen Soll - Ist - Vergleich frühzeitig erkannt und durch eine rasche Umdisposition
beseitigt werden. Kapazitätsverluste infolge Unterbelastungen
sind seitens der übergeordneten betrieblichen Fertigungssteuerung
durch Vorgabe eines mittelfristig abgestimmten Auftragsvorrats
zu verhindern.

Neben das Ziel einer hohen Kapazitätsausnutzung tritt gleichrangig das Ziel einer kurzen Durchlaufzeit. Beide Ziele sind bekanntlich gegenläufig. Dieser von GUTENBERG als "Dilemma der Ablaufplanung" / 1 / bezeichnete Zielkonflikt wird bei herkömmlicher Fertigung eindeutig zu Gunsten der Kapazitätsausnutzung entschieden, indem man wesentlich mehr Aufträge in die Fertigung einsteuert als zu jedem Zeitpunkt bearbeitet werden können. Durch diese "Überfütterung" der Fertigung bildet sich vor jeder Bearbeitungsstation eine lange Warteschlange von Aufträgen aus. Jede frei werdende Bearbeitungsstation kann sofort wieder belegt werden.

Die Ausnutzung des Bestandseffekts erlaubt es, auch ohne exakte Kapazitätsabstimmung im kurzfristigen Bereich eine gute Kapazitätsausnutzung zu erzielen. Man muß jedoch einen hohen Auftragsbestand in der Fertigung und eine lange Durchlaufzeit der Aufträge in Kauf nehmen.

Im flexiblen Fertigungssystem ist dagegen eine S e n k u n g d e r D u r c h l a u f z e i t bis auf die Größenordnung der rein technisch erforderlichen Zeit (Summe aus Bearbeitungs-, Transport- und Handhabungszeit der Lagereinrichtung) zwingend erforderlich. Ein überhöhter Auftragsbestand ist nicht zugelassen, weil neben der Bearbeitungskapazität meist auch die Transport- und Lagerkapazität begrenzt ist. Dies gilt insbesondere dann, wenn die Transport- und die Lagerfunktion integriert sind, was für die überwiegende Mehrzahl der bekannten industriellen Konzeptionen zutrifft. Eine Integration der Transport- in die Lagerfunktion liegt beispielsweise vor, wenn ein Bediengerät gleichzeitig das Beschikken eines Regallagers und den Transport der Teile zwischen den Bearbeitungsstationen übernimmt. Umgekehrt kann man bei einem Umlaufförderer, in dem außer dem Transport auch das Zwischenlagern der Teile erfolgt, von einer Integration der Lager- in die Transportfunktion sprechen. Während in diesem Fall hauptsächlich die Lagerkapazität beschränkt ist, liegt beim Regallager meist auch eine Beschränkung der Transportkapazität vor. Ein Einsatz mehrerer Bediengeräte ist nämlich aufgrund der Kollisionsgefahr meist nicht möglich. Die Lagerkapazität ist beschränkt, da mit wachsender Lagergröße die Transportzeiten ansteigen. Die dadurch zwangsläufig auftretenden Wartezeiten würden zu einer verminderten Ausnutzung der Bearbeitungsstationen führen.

Eine weitere Kapazitätsbeschränkung besteht häufig seitens der Paletten, die im flexiblen Fertigungssystem als Hilfsmittel für das
Transportieren, das Bestimmen und das Spannen der Teile dienen / 2 /.
Die Anzahl der Paletten kann die Investitionskosten stark beeinflussen, da eine Palette bis zu 10 000 DM kostet und je nach Systemkonfiguration bis zu einige hundert Paletten erforderlich sind.

Schließlich können auch die Werkzeuge im flexiblen Fertigungssystem
nur beschränkt verfügbar sein. Zum einen werden oft teure Spezial-
werkzeuge eingesetzt, zum anderen ist im Hinblick auf die Zugriffs-
zeit die Zahl der Werkzeuge im zentralen Werkzeuglager zu begren-
zen. Für das Werkstückspektrum, das auf der Modellanlage der Universität Stuttgart gefertigt werden soll, benötigt man rund 800 ver-
schiedene Werkzeuge. Bei gleicher Ausstattung aller vier Bearbeitungsstationen wären somit mindestens 2400 Speicherplätze vorzusehen. Ein derart umfangreiches Werkzeuglager ist nicht nur mit
hohen Investitionskosten verbunden. Es bedeutet auch eine hohe Zu-
griffszeit für die Werkzeuge, während der unter Umständen die Bearbeitungsstationen stillstehen.

Für den planenden Anteil der Fertigungssteuerung bedingen die
genannten Kapazitätsbeschränkungen eine exakte Kapazitätsabstimmung des täglich zu fertigenden Auftragsvolumens mit den
vorhandenen Bearbeitungsmöglichkeiten. Außerdem ist eine Kon-
trolle der Verfügbarkeit von Lagerplätzen, Paletten und Werkzeugen durchzuführen. Eine exakte Kapazitätsabstimmung im Bereich des flexiblen Fertigungssystems setzt voraus, daß die
übergeordnete betriebliche Fertigungssteuerung einen Termin-
spielraum für die Auftragseinplanung offenläßt.

Für eine Senkung der Kapitalbindung ist neben einer kurzen
Durchlaufzeit auch eine geringe Vorliegezeit und - wegen des
Wertzuwachses der Teile während der Bearbeitung - besonders
eine geringe Nachliegezeit zu gewährleisten. Dies erfordert
die Einplanung der Aufträge nahe am Endtermin, der durch die
übergeordnete betriebliche Fertigungssteuerung festgelegt wurde.

Wesentlich für die Verbesserung der Termineinhaltung ist die
Flexibilität in der kurzfristigen Planung in bezug auf die

Auftragszuordnung und die Auftragsabfertigung. In der herkömmlichen Fertigung veranlaßt der Meister bei Engpässen oder Un-
terbelegungen ein Abweichen von der im Arbeitsplan vorgegebenen Auftragszuordnung. Bei Terminverzügen ändert er die Prioritäten in der Auftragsabfertigung. Diese "Flexibilität unter
der Hand" verhindert Kapazitätsausfälle und Terminverzüge und
beschleunigt die Auftragsabwicklung / 3 /. Im flexiblen Fertigungssystem müssen geeignete Rechenalgorithmen die Improvisa-
tion des Meisters ersetzen. Um dennoch flexibel zu bleiben,
ist die Vorgabe von Strukturarbeitsplänen durch den technischen
Teil des Steuerungssystems vonnöten. Die Strukturarbeitspläne
enthalten sämtliche alternativen Bearbeitungspfade die sich
durch ersetzende Bearbeitungsstationen oder Bearbeitungsverfahren und durch Variationsmöglichkeiten in der Arbeitsvor-
gangsfolge ergeben.

1.4 Einflußgrößen auf die Fertigungssteuerung

Die beschriebenen Anforderungen gelten allgemein für flexible
Fertigungssysteme. Wie stark sie jedoch in einem Anwendungsfall
ausgeprägt sind, hängt von der jeweiligen Ausführungsform des
jeweiligen flexiblen Fertigungssystems ab. Nachfolgend wird gezeigt, daß die höchsten Anforderungen bei flexiblen Fertigungssystemen mit ergänzenden und ersetzenden Bearbeitungsstationen,
wahlfreien Übergangsbeziehungen und variabler Anzahl der Fertigungsstufen auftreten.

Nach DICKHUT kann man in der Fertigungssteuerung folgende Tatsachen
benutzen, um den Fertigungsablauf zu optimieren / 4 /:

- den Reiheneffekt,
- den Bestandseffekt,
- den Rüsteffekt.

Der R e i h e n e f f e k t besagt, daß die Kapazitätsausnutzung
und die Durchlaufzeit von der Reihenfolge der Aufträge an den Maschinen abhängen. Der B e s t a n d s e f f e k t ist darin zu
sehen, daß die Kapazitätsausnutzung und die Durchlaufzeit der Aufträge außerdem von der Anzahl der in der Fertigung befindlichen

Aufträge bestimmt sind. Der R ü s t e f f e k t tritt auf, wenn
die Rüstzeit der Maschinen von der Auftragsreihenfolge abhängt.
Letzteres ist im flexiblen Fertigungssystem der betrachteten Art
in der Regel nicht der Fall.

Die Fertigungssteuerung wird somit in erster Linie von Größen beeinflußt, die sich auf die A u f t r a g s r e i h e n f o l g e
und den A u f t r a g s b e s t a n d auswirken. Dies sind einerseits die Größen, die sich auf die absolute Lage, die Reihenfolge
und die Dauer der im flexiblen Fertigungssystem durchzuführenden
Tätigkeiten beziehen (die sogenannten "Potentialbedingungen"/ 5 /).
Andererseits sind dies Größen, die die Höhe des Auftragsbestands
bestimmen (sogenannte "kumulative Bedingungen"/ 5 /). In Bild 1
oben sind die Einflußgrößen auf die Fertigungssteuerung, geglie-
dert nach ihrer Herkunft als Daten des Teile- und des Auftragsspektrums, des Systemaufbaus und des Fertigungsablaufs, zusammen-
gestellt.

Wesentliche Einflußgrößen seitens des T e i l e s p e k t r u m s
sind außer der Art und Anzahl der zu fertigenden Teile und den Be-
arbeitungs-, Transport-, Handhabungs- und Prüfzeiten vor allem die
Arbeitsvorgangsfolgen. Sind in den Arbeitsvorgangsfolgen alternative Bearbeitungsmöglichkeiten enthalten, gewinnt die Fertigungssteuerung zusätzliche planerische Freiheitsgrade, die es ihr ermöglichen, den Bearbeitungspfad der Abhängigkeit von der aktuellen
Belegungssituation festzulegen. Solche "planerischen Freiheitsgrade"
können sich bei unabhängiger Reihenfolge der Arbeitsvorgänge, bei
alternativen Bearbeitungsverfahren und Bearbeitungsmaschinen ergeben. Weiterhin bedeutsam für die Fertigungssteuerung sind manuelle
Tätigkeiten, da sie vom unmittelbaren Fertigungsablauf zu entkop-
peln sind. Zu den Tätigkeiten, die auch im flexiblen Fertigungssystem noch teilweise manuell durchgeführt werden müssen, gehören
das Auf- und Abspannen der Werkstücke und das Voreinstellen der
Werkzeuge. Außerdem müssen beim Einschleusen der Aufträge in das
flexible Fertigungssystem die organisatorischen Zuordnungsdaten -
wie die Verknüpfung von Teile- und Auftragsnummer mit der Lager-
platz- bzw. Transportmittelnummer - manuell eingegeben werden/ 6 /.

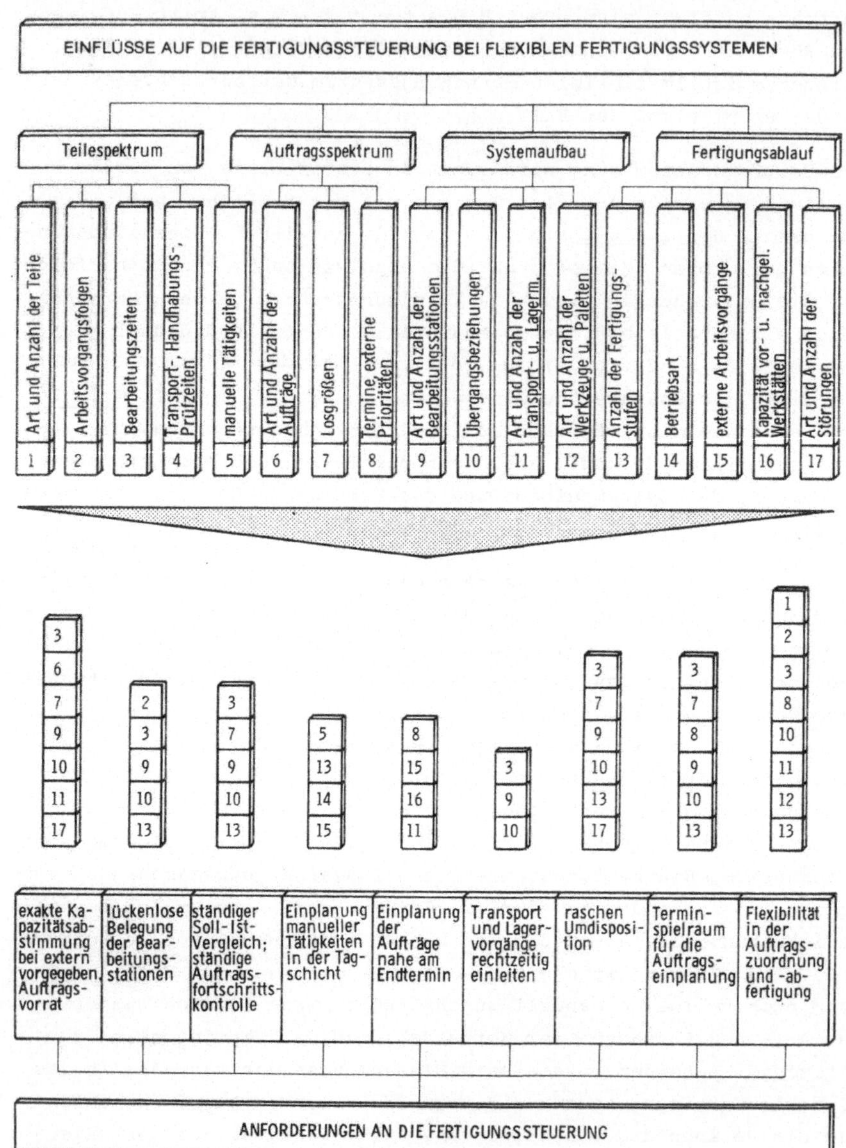

Bild 1: Einflußgrößen auf die Fertigungssteuerung im flexiblen Fertigungssystem und ihre Berücksichtigung bei den verschiedenen Anforderungen

Das **A u f t r a g s s p e k t r u m** beeinflußt die Fertigungssteuerung über die Art und Anzahl der Aufträge, über die extern (von der betrieblichen Fertigungssteuerung) vorgegebenen Termine und die Losgrößen.

Der **S y s t e m a u f b a u** wirkt sich hauptsächlich durch die Art und Anzahl der Bearbeitungsstationen sowie die Übergangsbeziehungen zwischen den Bearbeitungsstationen aus. Einen weiteren wesentlichen Einfluß üben die Art und Anzahl der Transport- und Speichermittel sowie die Art und Anzahl der Werkzeuge an Paletten aus, da sie die Menge der im flexiblen Fertigungssystem befindlichen Aufträge einschränken.

Vom **F e r t i g u n g s a b l a u f** und seiner organisatorischen Gestaltung her ist vor allem die Anzahl der Fertigungsstufen und die Betriebsart im flexiblen Fertigungssystem von Belang. Mögliche Betriebsarten sind z.B. 3/1-Betrieb (Fertigungssystem arbeitet drei Schichten, Personal ist nur in der Tagschicht tätig), 2/2-Betrieb (Fertigungssystem und Personal arbeiten in zwei Schichten) usw. Zudem bestimmen externe Arbeitsvorgänge, die Kapazität der dem flexiblen Fertigungssystem vor- und nachgelagerten Werkstätten und die Art und Dauer von Störungen im Fertigungsablauf die Fertigungssteuerung.

Ordnet man diese Einflußgrößen den zuvor beschriebenen Anforderungen zu, so zeigt sich, daß die in <u>Bild 1</u> mit den Nummern 9, 10 und 13 gekennzeichneten Einflußgrößen

- Art und Anzahl der Bearbeitungsstationen (Nummer 9),
- Übergangsbeziehungen zwischen den Bearbeitungsstationen (Nummer 10) und
- Anzahl der Fertigungsstufen (Nummer 13)

auf nahezu sämtliche Anforderungen wirken. Diesen Eigenschaften kommt somit in bezug auf die Fertigungssteuerung im flexiblen Fertigungssystem eine besondere Bedeutung zu. Kombiniert man die Ausprägungen der Eigenschaften, so erhält man Typen flexibler Fertigungssysteme, die ein charakteristisches Anforderungsprofil aufweisen. <u>Bild 2</u> zeigt schematisch die Ausprägungen der genannten Eigenschaften auf.

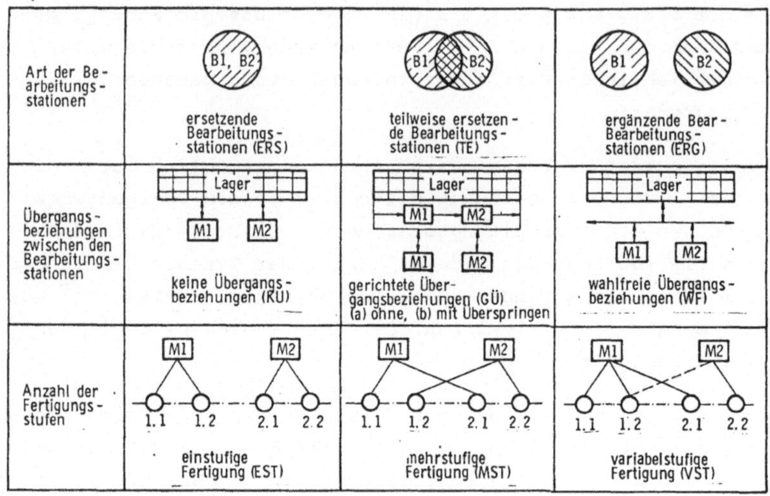

<u>Bild 2:</u> Ausprägungen der drei wichtigsten Einflußgrößen auf
die Fertigungssteuerung im flexiblen Fertigungssystem

Nach der Art der Bearbeitungsstationen unterscheidet man
flexible Fertigungssysteme mit universellen, ersetzenden
Maschinen (Bearbeitungszentren) und solche mit ergänzenden
Maschinen. Eine Kombination beider Möglichkeiten sind flexible
Fertigungssysteme mit sowohl ergänzenden als auch ersetzenden
Maschinen. Flexible Fertigungssysteme mit ersetzenden Maschinen
können sich Belastungsschwankungen weitgehend anpassen. Nachteilig ist jedoch die geringe Kapitalproduktivität der universellen Maschinen. Demgegenüber sind flexible Fertigungssysteme
mit ergänzenden Bearbeitungsstationen zwar produktiver, sie
können jedoch Belastungsschwankungen nicht auffangen. Einen
Kompromiß in Bezug auf Produktivität und Flexibilität stellen
flexible Fertigungssysteme mit ergänzenden und ersetzenden
Bearbeitungsstationen dar. Die unterschiedliche Anpassungsfähigkeit dieser drei Systemausprägungen veranschaulicht
<u>Bild 3.</u>

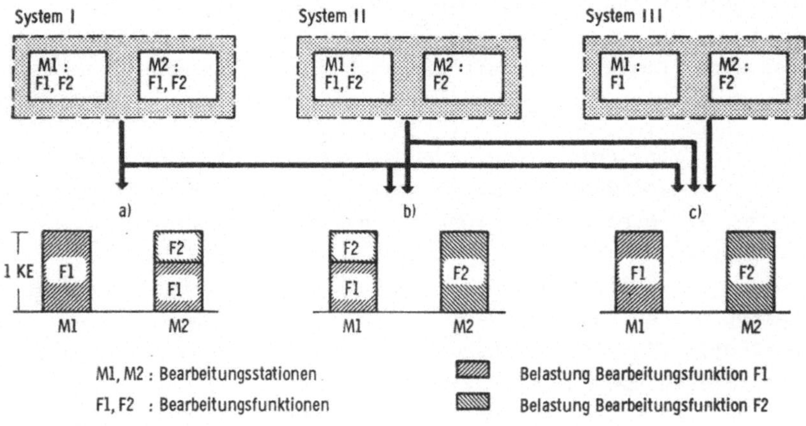

Bild 3: Unterschiedliche Systemausprägungen bei flexiblen
Fertigungssystemen

Die ersetzenden Bearbeitungsstationen können die drei gezeigten
Belastungssituationen bewältigen. Bei einer ergänzenden und einer
ersetzenden Bearbeitungsstation ruft Belastungsverlauf a, bei ergänzenden Maschinen auch Belastungsverlauf b Unter- und Überbelastungen hervor. Bei letzteren muß also der Belastungsverlauf
stets gleichbleibend sein (Belastungsverlauf c).

Die Übergangsbeziehungen beeinflussen vor al-
lem die Reihenfolge der Auftragsabfertigung. Bei gerichteten Übergangsbeziehungen können die Bearbeitungsstationen nur in einer
Reihenfolge angelaufen werden, während bei wahlfreien Übergangsbeziehungen beliebige Reihenfolgen möglich sind; bei gerichteten Übergangsbeziehungen mit Überspringen können einzelne Bearbeitungsstationen ausgelassen werden.

Von der Anzahl der Fertigungsstufen
hängt die Verfügbarkeit der Aufträge bei der Maschinenbelegung ab.
Bei einstufiger Fertigung erfolgt die Bearbeitung komplett auf
einer Station, so daß die im System befindlichen unbearbeiteten
Aufträge stets zur Belegung frei sind. Bei mehrstufiger Fertigung

hängt die Freigabe zur Belegung davon ab, ob die vorangehenden Arbeitsgänge bereits durchgeführt sind. Bei variabelstufiger Fertigung sind beide Fälle möglich. Sie liegt vor, wenn die Werkstücke sowohl auf einer Station komplett als auch gleichzeitig auf mehreren Stationen nacheinander bearbeitet werden können.

Die Kombination von jeweils drei Ausprägungen der drei wichtigsten Eigenschaften ergibt 27 theoretisch mögliche Typen flexibler Fertigungssysteme. Wie eine Verträglichkeitsanalyse zeigte, sind davon nur 9 Systemtypen sinnvoll und praktisch realisierbar. Bild 4 gibt die Bedeutung der Anforderungen an die Fertigungssteuerung für jeden Systemtyp wieder. Aus den Zeilen der Darstellung geht das Anforderungsprofil eines Systemtyps hervor. Die Bewertung ergibt die höchsten Anforderungen für den Systemtyp Nummer 8. Er ist durch ergänzende und ersetzende Bearbeitungsstationen, wahlfreie Übergangsbeziehungen und eine variable Anzahl der Fertigungsstufen gekennzeichnet. Eine Untersuchung der bekannt gewordenen Konzeptionen

Zuordnung der Anforderungen zu den relevanten Systemtypen	exakte Kapazitätsabstimmung bei extern vorgegebenen Auftragsvorrat	lückenlose Belegung der Bearbeitungsstationen	ständige Soll-Ist-Vergleiche; Auftragsfortschrittskontrolle	Einplanung manueller Tätigkeiten in der Tagschicht	Einplanung der Aufträge nahe am Endtermin	Transport und Lagervorgänge rechtzeitig einteilen	rasche Umdisposition	Terminspielraum für die Auftragseinplanung	Flexibilität in der Auftragszuordnung und -abfertigung
S1 ERS KÜ EST	○	○	○	○	○	○	○	○	◒
S2 ERS WF MST	◒	◒	◒	◒	◒	◒	◒	◒	◒
S3 ERS WF VST	◒	◒	◒	○	◒	◒	◒	◒	◒
S4 ERS GE MST	◒	◒	○	●	◒	◒	○	○	○
S5 ERG WF MST	●	●	◒	●	●	●	●	●	○
S6 ERG GE MST	◒	◒	◒	●	◒	○	○	○	○
S7 TE WF MST	●	●	●	◒	●	◒	●	●	●
S8 TE WF VST	●	●	●	◒	●	●	●	●	●
S9 TE GE MST	◒	◒	◒	●	◒	◒	○	○	○

ERS ... ersetzende Bearbeitungsstationen
ERG ... ergänzende Bearbeitungsstationen
TE ... teilweise ersetzende Bearbeitungsstationen

KÜ ... keine Übergangsbeziehungen
WF ... wahlfreie Übergangsbeziehungen
GE ... gerichtete Übergangsbeziehungen

EST ... einstufige Fertigung
MST ... mehrstufige Fertigung
VST ... variabelstufige Fertigung

● große Anforderungshöhe   ◒ mittlere Anforderungshöhe   ○ geringere Anforderungshöhe

Anforderungen an die Fertigungssteuerung in Abhängigkeiten der unterschiedlichen Typen flexibler Fertigungssysteme

45 860 b PSN

Bild 4 : Anforderungen an die Fertigungssteuerung in Abhängigkeit vom Systemtyp

flexibler Fertigungssysteme ergab, daß die Mehrzahl diesem Systemtyp zuzurechnen ist (**Bild 5**).

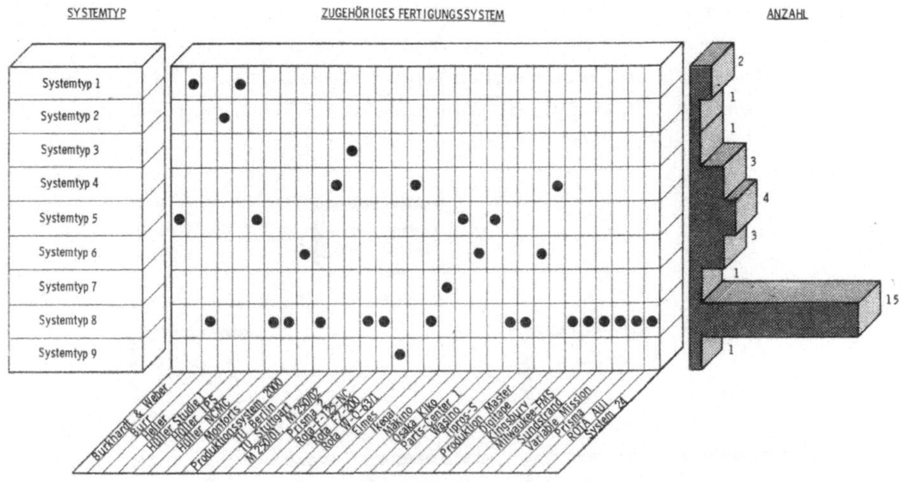

Bild 5: Verteilung der Merkmalsausprägungen bei den bekannten
Realisierungen flexibler Fertigungssysteme

Dieser Systemtyp soll im folgenden als r e p r ä s e n t a t i -
v e s   f l e x i b l e s   F e r t i g u n g s s y s t e m   an-
gesehen werden. Es ist zu erwarten, daß eine auf das Anforderungsprofil des repräsentativen flexiblen Fertigungssystems ausgelegte
Problemlösung auch auf Systemtypen mit niedrigerem Anforderungsprofil übertragbar ist. Für eine hohe Anwendbarkeit einer derarti-
gen Problemlösung spricht auch die Verbreitung des repräsentativen
flexiblen Fertigungssystems.

1.5 Eignung der bekannten Verfahren der Ablaufplanung

Nach KRYCHA unterscheidet man die in <u>Bild 6</u> gezeigten Verfahren der Ablaufplanung /6/. Die analytischen Verfahren,
zu denen man die lineare und die dynamische Programmierung
sowie die kombinatorischen Verfahren zählt, ermöglichen es,
optimale Lösungen für das betrachtete Problem zu finden.
Heuristische Verfahren dagegen wenden Regeln an, die durch
Probieren, also auf empirischem Wege, hergeleitet sind.
Hierzu gehören zum einen die Näherungsverfahren, zum andern
die mit Prioritätsregeln arbeitenden Verfahren.

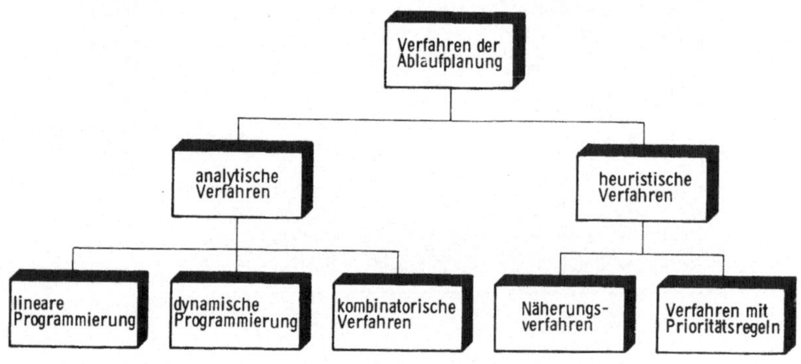

<u>Bild 6</u>: Verfahren der Ablaufplanung

In der betrieblichen Praxis sind die analytischen Verfahren
bisher nicht eingesetzt worden. Gründe sind vor allem:

- Es wird meist nur der Reiheneffekt betrachtet, der in der
  Praxis gegenüber dem Bestands- und dem Rüsteffekt eine unter-
  geordnete Rolle spielt /4/.

- Die Verfahren sind nur auf Sonderprobleme anzuwenden wie z.B.

- gleiche Bearbeitungsfolge für alle Aufträge /7/,
- einstufige Fertigung /8/,
- zwei Aufträge auf Maschinen /9,10/.

- Es kann nur ein Zielkriterium (z.B. Kapazitätsausnutzung)
  optimiert werden (z.B. /11/)

- Der Rechenaufwand ist für Probleme der praktischen Größenordnung (z.B. 100 Aufträge auf 100 Maschinen) viel zu hoch
  /17, 13/.

Auf den ersten Blick scheinen diese Gründe bei flexiblen Fertigungssystemen nicht zuzutreffen. Zum einen ist für eine optimale Ablaufplanung im flexiblen Fertigungssystem der Reiheneffekt maßgeblich, da aufgrund der Kapazitätsrestriktionen im Lager- und
Transportsystem, bei Paletten und Werkzeugen der Bestandseffekt
nicht ausgenutzt werden kann. Auch treten Sonderprobleme wie gleiche Bearbeitungsfolge für alle Aufträge ("flexible Fertigungsli-
nie": System "Auerbach M 250/02" und System "Digitape") auf. Zum
anderen ist die Größenordnung der zu lösenden Ablaufprobleme weit-
aus geringer als bei herkömmlicher Fertigung (z.B. 20 Aufträge
auf 10 Maschinen).

Dennoch kommen - von Einzelfällen abgesehen - die analytischen Verfahren auch bei flexiblen Fertigungssystemen nicht in Betracht. Lösungen für Sonderprobleme wie die oben angeführten sind auf das repräsentative flexible Fertigungssystem, das hinsichtlich der Ablaufplanung eher der Werkstattfertigung vergleichbar ist, nicht
anwendbar. Der Rechenaufwand ist auch bei der hier betrachteten
Größenordnung des Problems insbesondere im Hinblick auf die gefor-
derten kurzen Umplanungszeiten unzulässig hoch. Ein weiterer Grund
ist, daß die bei flexiblen Fertigungssystemen zu beachtenden zu-
sätzlichen Kapazitätsbeschränkungen nicht oder nur unter großem
Zusatzaufwand einbezogen werden können. Besonders nachteilig wirkt
sich außerdem aus, daß nur ein Zielkriterium verfolgt werden kann.

Ähnliches gilt für die Näherungsverfahren. Hierunter versteht man
die durch Einschränkungen des Lösungsraums oder der Lösungsqualität vereinfachten analytischen Verfahren. Sie weisen zwar einen
geringeren Rechenaufwand auf, doch gelten im übrigen die oben angeführten Einwände.

Damit kommen für die Ablaufplanung im flexiblen Fertigungssystem
nur noch die mit Prioritätsregeln arbeitenden Verfahren infrage.
Diese Verfahren sind zwar den analytischen Verfahren und den Nähe-

rungsverfahren in bezug auf die erreichbare Lösungsqualität prin-
zipiell unterlegen. Sie können jedoch verhältnismäßig einfach an
die spezifische Problemstellung angepaßt werden und liefern dann
bei vergleichsweise geringem Rechenaufwand befriedigende Ergebnisse.

Die Verfahren mit Prioritätsregeln sind dadurch gekennzeichnet,
daß die Zuordnung von Aufträgen und Bearbeitungsmaschinen anhand
von Dringlichkeitszahlen festgelegt wird, die im Falle von Kon-
kurrenzsituationen den Vorrang eines Auftrags oder einer Bearbeitungsmaschine bestimmen. Dabei lassen sich in der Praxis meist
drei nacheinander ablaufende Planungsschritte unterscheiden:

- Durchlaufterminierung,
- Kapazitätsabgleich,
- Arbeitsvorgangsterminierung.

Im ersten Schritt, der D u r c h l a u f t e r m i n i e r u n g ,
wird - zunächst ohne Berücksichtigung von Kapazitätsbeschränkungen - der terminliche Rahmen für die Auftragsabwicklung abgesteckt.
Ausgehend vom "Termin heute" bzw. vom Kundenwunschtermin ermittelt
man in einer Vorwärts- und Rückwärtsrechnung für jeden Auftrag
die frühest- bzw. spätest möglichen Start- bzw. Fertigstellungs-
termine der Arbeitsvorgänge.

Im zweiten Schritt, der K a p a z i t ä t s t e r m i n i e -
r u n g , bestimmt man, in welchem Zeitraum und auf welcher Maschine die Arbeitsvorgänge durchzuführen sind. Hierbei plant man
nacheinander sämtliche Arbeitsvorgänge eines Auftrags auf die Bearbeitungsmaschinen ein, wonach der nächste Auftrag zur Einplanung
freigegeben wird. Die Reihenfolge der Einplanung regelt die Auf-
tragspriorität, in der sich die Terminsituation des Auftrags wie-
derspiegelt. Das Ergebnis dieses Planungsvorgangs ist zunächst
eine Kapazitätsübersicht, in der die von den Aufträgen ausgehende
Belastung der Bearbeitungskapazität gegenübersteht. Anschließend
wird eine Kapazitätsabstimmung durchgeführt, die entweder als Kapazitätsanpassung oder als Kapazitätsabgleich erfolgen kann. Eine
Kapazitätsanpassung liegt vor, wenn man das Kapazitätsprofil -
z.B. durch Überstunden - so verändert, daß es dem Belastungsprofil folgt. Vom Kapazitätsabgleich spricht man, wenn die Belastung

verändert wird. Maßnahmen zur Belastungsänderung können sein die
Verlagerung eines Arbeitsvorgangs auf eine Ausweichmaschine ("technischer Abgleich") oder das Vorziehen bzw. Verschieben eines Auftrags geringer Priorität ("zeitlicher Abgleich").

Im dritten Schritt, der A r b e i t s v o r g a n g s t e r m i -
n i e r u n g , wird die Reihenfolge der Aufträge an den Maschinen
und der exakte Start- und Fertigstellungszeitpunkt der Arbeitsvorgänge festgelegt. Dabei plant man nacheinander sämtliche Arbeitsvorgänge ein, die in der betrachteten Periode an einer Maschine
durchzuführen sind. Danach wird die nächste Maschine belegt. Die
Reihenfolge der Einplanung regelt jetzt die Arbeitsgangpriorität,
durch die der Reiheneffekt ausgenutzt werden soll.

Die beschriebene Vorgehensweise beschreiten auch die auf dem Markt
befindlichen Fertigungssteuerungsprogramme. Sie ist jedoch auf
flexible Fertigungssysteme nicht so ohne weiteres übertragbar.
Gründe hierfür sind vor allem:

- Die Planung mit Wartezeiten führt zu hohen und unkontrol-
  lierbaren Auftragsbeständen in der Fertigung.

- Die zu geringe Flexibilität in der Auftragszuordnung und der
  Auftragsabfertigung macht viele zeitliche Verlagerungen notwendig.

- Der hohe Planungsaufwand verhindert eine ausreichend hohe
  Planungsfrequenz und eine sofortige Umdisposition im Stö-
  rungsfall.

Um eine hohe Kapazitätsauslastung sicherzustellen, sieht man in
der Praxis lange Warteschlangen vor den Bearbeitungsstationen vor
und rechnet daher mit hohen Wartezeiten. Dies hat zur Folge, daß
die einzelnen Arbeitsvorgänge eines Auftrags nicht in die gleiche
Termineinheit ("Periode") fallen, sondern aufeinanderfolgende Perioden belasten ("horizontale" Belastung, Bild 7 a). In jeder
Periode ist von einer Vielzahl von Aufträgen jeweils nur ein Arbeitsgang durchzuführen (Bild 8).

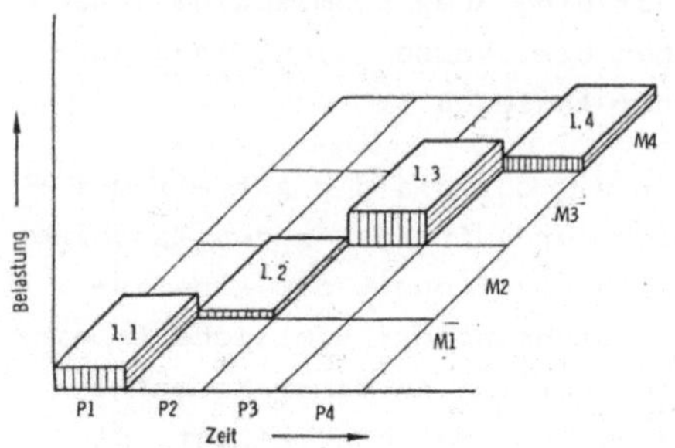

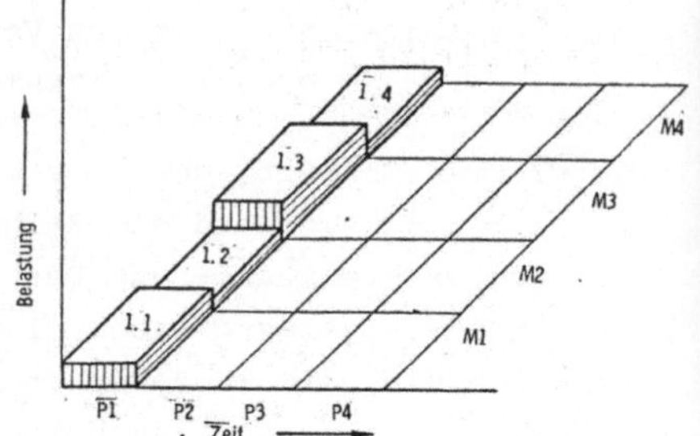

Bild 7: Belastungssituation bei (a) horizontaler und (b) vertikaler Belastung

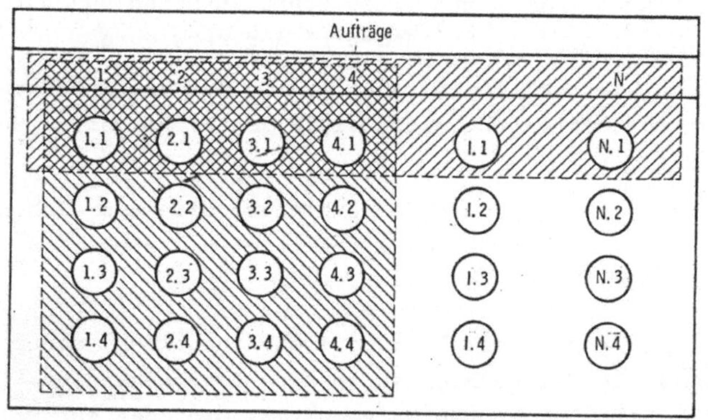

1.3   Arbeitsgang 3 des Auftrags 1
//////   Aufträge je Periode bei horizontaler Belastung
\\\\\\   Aufträge je Periode bei vertikaler Belastung

Bild 8 : Anzahl von Aufträgen bei horizontaler und vertikaler Belastung

Wird ein Auftrag zeitlich verlagert, ändert sich die Belastungssituation in einer Reihe von Perioden. Ein zeitlicher Abgleich erfordert daher eine große Anzahl von Verlagerungsschritten. Ein technischer Abgleich verändert dagegen die Belastungssituation nur an zwei Maschinen und führt daher rascher zum Erfolg. Er scheitert heute in der Praxis jedoch häufig darin, daß im Arbeitsplan keine alternative Bearbeitungsmöglichkeiten vorgesehen sind.

Der mit der beschriebenen Vorgehensweise verbundene hohe Aufwand zwingt selbst bei EDV-unterstützten Fertigungssteuerungssystemen dazu, die Planungen in größeren Abständen durchzuführen. Aufgrund äußerer Störeinflüsse sind die Planungsdaten gegen Ende des Planungszyklus veraltet und unbrauchbar /14/. Daher sind bis heute personelle "ad hoc" Entscheidungen die Grundlage der kurzfristigen Fertigungssteuerung.

2   <u>AUFGABENSTELLUNG</u>

2.1   Ansatzpunkte für die Gestaltung der Fertigungssteuerung
       <u>bei flexiblen Fertigungssystemen</u>

Einen Lösungsansatz für diese Problematik zeigt <u>Bild 7 b</u> auf: Verzichtet man auf die Planung mit Wartezeiten, so kann man mehrere
oder alle Arbeitsvorgänge eines Auftrags (oder eines Teilauftrags)
in einer Periode einplanen ("vertikale" Einplanung). Wird ein Auftrag zeitlich verlagert, ändert sich die Belastungssituation nur
in wenigen Perioden. Es sind weniger zeitliche Verlagerungen notwendig, und man kann die Aufträge näher am Zieltermin einplanen.

Wie aus <u>Bild 8</u> hervorgeht, befinden sich bei dieser Vorgehensweise
wesentlich weniger Aufträge in der Fertigung. Die Kapazitätsrestriktionen im Lager- und Transportsystem, bei Paletten und Werkzeugen können eingehalten werden.

Bei horizontaler Einplanung wird in der Arbeitsvorgangsterminierung
in der Regel nur ein Arbeitsvorgang je Periode und Auftrag eingeplant. Dadurch ist das Planungsproblem praktisch auf eine einstufige Fertigung reduziert. Die Maschinen können unabhängig voneinander
lückenlos belegt werden; ablaufbedingte Leerzeiten der Bearbeitungsstationen treten nicht auf.

Bei vertikaler Einplanung dagegen werden in einer Planungsperiode
stets mehrere Arbeitsgänge eines Auftrags eingeplant. Damit ergibt
sich das Planungsproblem der mehrstufigen Fertigung. Bestehen variable Übergangsbeziehungen, kann man die Fertigung als ein ver-
zweigtes Netz von Warteschlangen ansehen.

Das Planungsproblem dieses Organisationstyps ist durch das Auftreten ablaufbedingter Leerzeiten gekennzeichnet. Die ablaufbedingten
Leerzeiten sind nur dann klein zu halten, wenn man sämtliche planerischen Freiheitsgrade nutzt. Dies verdeutlicht <u>Bild 9</u> für ein
einfaches Beispiel mit zwei Maschinen und zwei Aufträgen.

<u>Bild 9 a</u> und <u>b</u> zeigt, daß hohe Leerzeiten an den Bearbeitungssta-
tionen unvermeidlich sind, wenn man ausschließlich die Auftragsreihenfolge variiert. Stehen dagegen weitere Freiheitsgrade zur

Verfügung, werden die Leerzeiten stark verringert. Gleichzeitig reduziert sich die Durchlaufzeit der Aufträge (Bild 9 c und d).

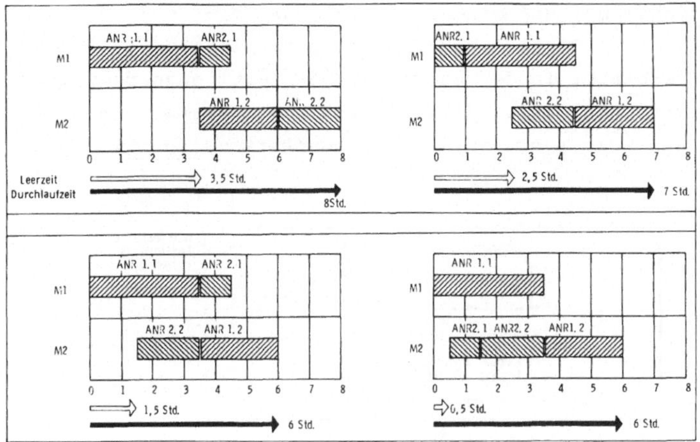

Bild 9: Einplanung von zwei Aufträgen auf zwei Maschinen bei
         unterschiedlicher Planungsflexibilität
         (ANR1.1: Arbeitsgang 1 des Auftrags ANR 1).

Voraussetzung ist allerdings, daß die Arbeitsvorgangsstruktur alternative Bearbeitungsmöglichkeiten zuläßt. Bei flexiblen Fertigungssystemen mit sowohl sich ergänzenden als auch ersetzenden Maschinen kommt insbesondere der alternativen Maschinenzuordnung eine hohe Bedeutung zu.

Der Freiheitsgrad "Ausweichmaschine" kann bei konventionellen Fertigungssteuerungssystemen nicht für die Arbeitsvorgangsterminierung herangezogen werden. Grund hierfür ist, daß die in der Kapazitätsterminierung vorgenommene Auftragszuordnung für die Arbeitsvorgangsterminierung verbindlich ist, da bei Abweichen vom vorgegebenen Bearbeitungspfad Über- bzw. Unterlastungen zu befürchten sind.

2.2 Konzeption eines Fertigungssteuerungssystems bei flexiblen Fertigungssystemen

Ausgehend von den voranstehend aufgezeigten Ansatzpunkten ist am Institut für Industrielle Fertigung und Fabrikbetrieb der Universität Stuttgart unter Mitarbeit des Autors eine Fertigungssteue-

rungskonzeption entwickelt worden /15/. Diese Konzeption sieht eine
Aufteilung der Fertigungssteuerungsfunktionen auf eine systemexter-
ne (betriebliche) und eine systeminterne Ebene vor. Die Schnitt-
stelle liegt im Bereich der Kapazitätsterminierung: Die Grobtermi-
nierung verbleibt in der betrieblichen Fertigungssteuerung, die
Feinterminierung einschließlich organisatorischer Steuerung und
Überwachung wird systemintern durchgeführt (Bild 10).

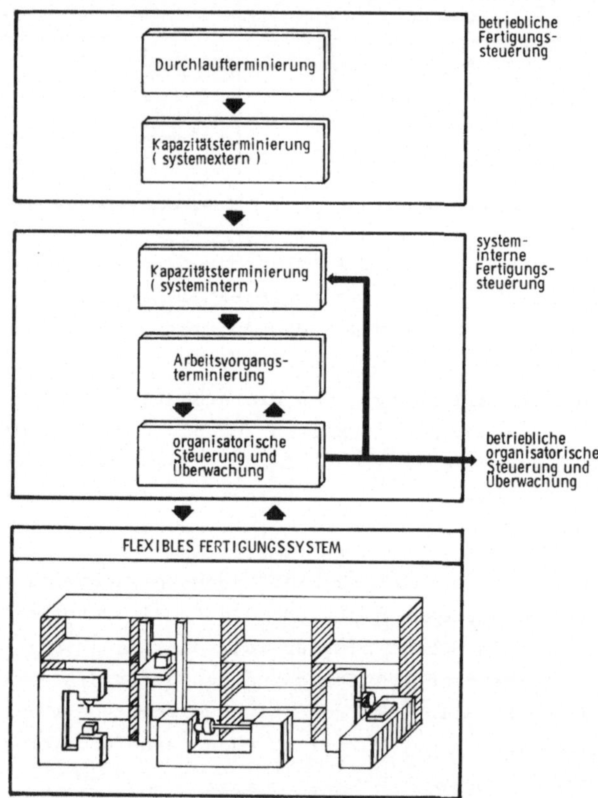

Bild 10: Konzeption der Fertigungssteuerung für flexible
Fertigungssysteme

Die betriebliche Fertigungssteuerung führt die Durchlaufterminierung und einen Grobabgleich durch. Während des Grobabgleichs wird
das flexible Fertigungssystem als eine Kapazitätseinheit betrachtet. Die systeminterne Fertigungssteuerung erhält als Vorgabe ein
mittelfristig grob abgestimmtes und terminiertes Auftragsvolumen
für einen Zeitraum von 10 bis 14 Tagen. Zunächst erfolgt über einen
Kapazitätsabgleich die Zusammenstellung der täglich oder je Schicht
zu fertigenden Aufträge. Darauf legt die Arbeitsvorgangsterminierung die Reihenfolge der Auftragsbearbeitung sowie Beginn und Ende
der Arbeitsvorgänge fest.

Auf der Grundlage der Solltermine für die Arbeitsvorgänge ermittelt
die Steuerung Beginn- und Endtermine für die Transport- und Hand-
habungsvorgänge und sorgt dafür, daß diese rechtzeitig eingeleitet
werden. Ein ständiger Soll-Ist-Vergleich ermöglicht es, Abweichungen von den vorgegebenen Sollterminen für die Arbeitsvorgänge zu
erkennen. Abweichungen, die von der Steuerung nicht auszuregeln sind,
meldet die Überwachung der Arbeitsvorgangsterminierung. Diese führt
dann je nach Art der Abweichung eine Neu- oder Umdisposition durch.

Die Konzeption baut auf dem Prinzip der "vertikalen" Einlastung
auf. Nur so können kurze Durchlaufzeiten der Aufträge erreicht und
die Randbedingungen begrenzter Transport- und Lagerkapazität eingehalten werden. Weiterhin ist vorgesehen, die durch das Vorhan-
densein ersetzender Maschinen gegebenen Möglichkeiten des technischen Abgleichs vollständig zu nutzen. Dadurch soll eine Einplanung der Aufträge nahe dem von der betrieblichen Fertigungssteuerung vorgegebenen Zieltermin erreicht und somit eine geringe Kapitalbindung gewährleistet werden.

Die Konzeption geht außerdem davon aus, daß es möglich ist, der Arbeitsvorgangsterminierung den für sie besonders wichtigen Freiheitsgrad der alternativen Maschinenzuordnung zu erhalten. Dazu
müßte ein Kapazitätsabgleich durchgeführt werden, der einen vollständigen technischen Abgleich o h n e feste Zuordnung von Arbeitsvorgang und Bearbeitungsmaschine erlaubt. Ein solcher Kapazitätsabgleich ist denkbar, wenn stattdessen Arbeitsvorgang und Bearbeitungsfunktion einander zugeordnet werden.

Das "repräsentative flexible Fertigungssystem" ist dadurch gekennzeichnet, daß durch spezielle ergänzende Bearbeitungsstationen ein Grundangebot an Kapazität bereitgestellt wird, das durch universelle, sich ersetzende Bearbeitungsstationen vergrößert werden kann. Damit läßt sich ein Bereich angeben, innerhalb dessen das Kapazitätsangebot zu verändern ist (Bild 11).

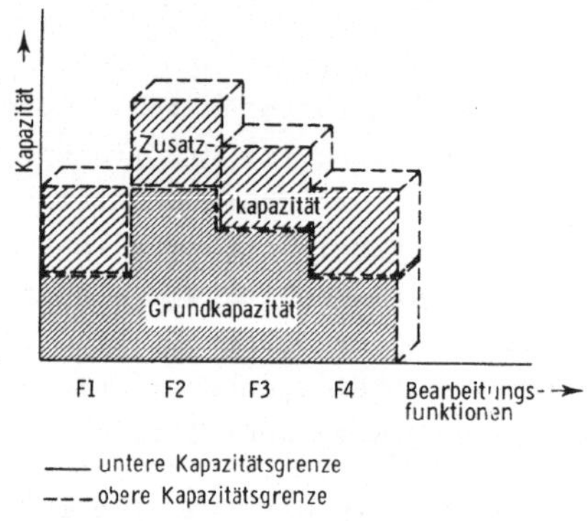

Bild 11 : Verlauf des Kapazitätsangebots im "repräsentativen
flexiblen Fertigungssystem"

Um die Aufträge auf die Kapazität einlasten zu können, ist für jeden Auftrag die Kapazitätsanforderung je Bearbeitungsfunktion zu ermitteln. Als Lösungsmöglichkeit bietet sich hier eine Klassifizierung des Werkstückspektrums hinsichtlich dessen Bearbeitungsanforderungen an. Nach Einlasten der Aufträge in der Reihenfolge ihrer Termine kann eine Kapazitätsabstimmung sowohl durch Erhöhung des Kapazitätsangebots je Bearbeitungsfunktion als auch durch eine zeitliche Verlagerung der Aufträge erreicht werden. Da eine zeitliche Verlagerung im allgemeinen zu Terminverzögerungen führt, sollte diese Möglichkeit der Kapazitätsabstimmung erst dann herangezogen werden, wenn eine Anpassung des Kapazitätsangebots zu keinem zufriedenstellenden Ergebnis führt. Bei der Anpassung des Kapazitätsangebots muß berücksichtigt werden, daß eine einmal in Anspruch genommene Ergänzungskapazität für andere Funktionen nicht mehr zur Verfügung steht.

Wie die Vorgehensweise bei einem solchen Kapazitätsabgleich ausse-
hen könnte, verdeutlicht <u>Bild 12</u>. Eingangsdaten sind die in der
betrieblichen Durchlaufterminierung mit Eckterminen versehenen Aufträge, von denen ausgehend die tägliche Kapazitätsnachfrage nach
Bearbeitungsfunktionen ermittelt wird. Diese wird dem vom flexiblen Fertigungssystem je Bearbeitungsfunktion maximal bereitgestell-
ten Kapazitätsangebot ("Kapazitätsobergrenze") und der für eine
vollständige Kapazitätsausnutzung minimal notwendigen Kapazitätsanforderung ("Kapazitätsuntergrenze") gegenübergestellt.

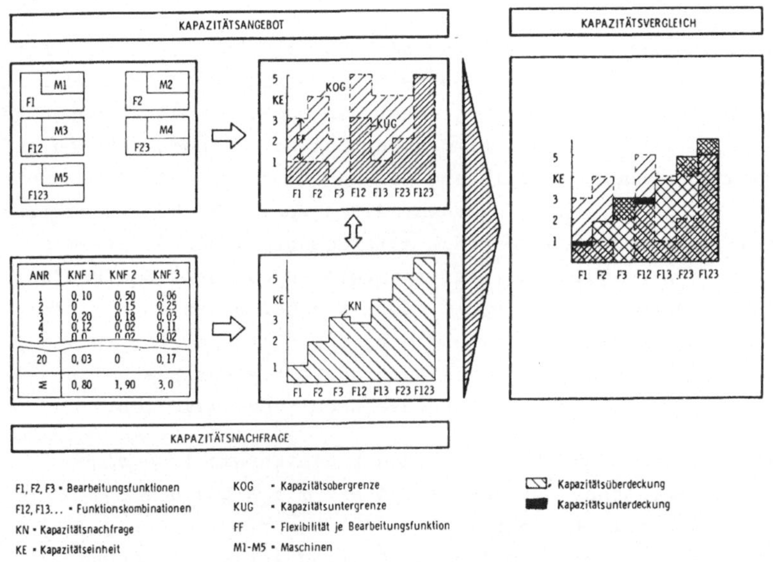

<u>Bild 12</u> : Mögliche Vorgehensweise beim Kapazitätsabgleich ohne
feste Maschinenzuordnung

2.3   Gegenstand und Ziel der Arbeit

Die kurzfristige Planungsphase der Fertigungssteuerung ist im flexiblen Fertigungssystem von besonderer Bedeutung. Sie hat den Fertigungsablauf so günstig wie möglich zu gestalten, um trotz der hohen Entwicklungs- und Investitionskosten einen wirtschaftlichen Einsatz des flexiblen Fertigungssystems zu ermöglichen. Während der Ablaufplanung bei herkömmlicher Fertigung in erster Linie die Aufgabe zukommt, einen reibungsfreien Fertigungsablauf herbeizuführen, muß sie im flexiblen Fertigungssystem zusätzlich einen optimierenden Charakter haben. Eine Optimierung des Fertigungsablaufs ist im Gegensatz zur herkömmlichen Fertigung im flexiblen Fertigungssystem möglich, da die Fertigung aufgrund der nahezu vollständigen Automatisierung ein hohes Maß an Gleichförmigkeit aufweist.

Voraussetzung für einen im Sinne der Ablaufplanung optimalen Fertigungsablauf ist, daß das innerhalb eines gegebenen Zeitraums zu fertigende Auftragsvolumen möglichst genau mit den vorhandenen Fertigungskapazitäten übereinstimmt. Nur bei einem abgeglichenen Auftragsvolumen können die Belegung der Maschinen und die Reihenfolge der Aufträge so festgelegt werden, daß sowohl eine hohe Kapazitätsausnutzung als auch eine geringe Auftragsdurchlaufzeit erreicht werden. Bei unabgeglichenem Auftragsvolumen dagegen sind Produktivitätsverluste (z.B. Leerzeit einer Bearbeitungsstation infolge zu geringem Auftragsvolumen) und eine überhöhte Kapitalbindung (z.B. durch langes Warten eines Auftrags vor einer Bearbeitungsstation infolge zu großem Auftragsvolumen) unvermeidlich.

Ziel der vorliegenden Arbeit ist daher die Entwicklung eines geeigneten Verfahrens für den K a p a z i t ä t s a b - g l e i c h   b e i   f l e x i b l e n   F e r t i g u n g s - s y s t e m e n . Damit sollte ein Beitrag zur Realisierung einer dreistufigen Fertigungssteuerungskonzeption, für deren zweite und dritte Stufe Vorgehensweisen und EDV-technische Realisierungen in /15...17/ und /18/ beschrieben sind, geliefert werden. Ein entsprechendes Verfahren, das als f u n k t i o n a l e r Kapazitätsabgleich bezeichnet ist, wird in der Arbeit vorgestellt. Es hat sich einem in der Arbeit gleichfalls beschriebenen, auf der herkömmlichen Methode der maschinenorientierten Kapazitätszuordnung beruhenden Verfahren

als überlegen gezeigt. Dies beweist die Arbeit anhand eines
mit Hilfe der Simulation durchgeführten Verfahrensvergleichs.

2.4 Bedeutung des Kapazitätsabgleichs für ein Fertigungssteuerungssystem bei flexiblen Fertigungssystemen

Es wird in zahlreichen Abhandlungen über die Ablaufplanung bei
Werkstattfertigung immer wieder betont, daß sich bei hoher Flexibilität der Zuordnung von Arbeitsvorgang und Maschine besonders
gute Planungsergebnisse erzielen lassen /19 ... 21/ . HOCH /13/, der
die Ergebnisse von mit Hilfe der Simulation durchgeführten Untersuchungen zusammenfaßt, spricht von einer außergewöhnlichen Reduzierung der mittleren Durchlaufzeit, die Anzahl der Aufträge und
der Verspätungen, ähnliche Auswirkungen stellt er bei alternativer
Bearbeitungsfolge fest.

Wie eine Analyse von 26 der bekannten industriellen Konzeptionen
flexibler Fertigungssysteme zeigt, stehen im Durchschnitt etwa zwei
Ausweichmaschinen je Arbeitsvorgang zur Verfügung. Bei drei der
26 Konzeptionen sind es sogar vier und mehr Fertigungsalternativen
je Arbeitsvorgang /22/. Testläufe mit dem von U. Maier entwickelten Programm ATEX (= Arbeitsgangterminierung bei flexiblen Fertigungssystemen), das die zweite Stufe der skizzierten Fertigungssteuerungskonzeption abdeckt, bestätigen, daß die zunehmende Einbeziehung der planerischen Freiheitsgrade sowohl die Kapazitätsausnutzung als auch der Anteil der im Verlauf eines Tages fertiggestellten Aufträge erhöht wird / 16/.

Während die Kapazitätsausnutzung sich auf rd. 65 % beläuft, wenn
man in der Arbeitsvorgangsterminierung ohne Fertigungsalternativen
plant, steigt sie bei Einbeziehung von durchschnittlich zwei Fertigungsalternativen auf 92 %; bei vier Fertigungsalternativen beträgt die Kapazitätsausnutzung bereits nahezu 99 % (Bild 13) .

Parallel dazu verbessert sich der Anteil der fertiggestellten Aufträge von 26 % (ohne Fertigungsalternativen) über 73 % (zwei Fertigungsalternativen) auf 83 % (vier Fertigungsalternativen).

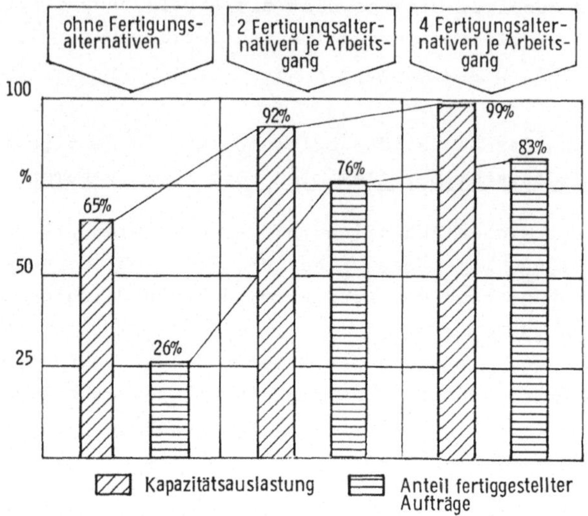

<u>Bild 13</u> : Kapazitätsauslastung und Anteil fertiggestellter Aufträge
in Abhängigkeit von den verfügbaren Fertigungsalternativen

Diese Untersuchungsergebnisse machen die Bedeutung der "planerischen
Freiheitsgrade" und insbesondere des Freiheitsgrades "Ausweichmaschine" für die Arbeitsgangterminierung im flexiblen Fertigungssystem
deutlich. Die konsequente Nutzung dieses Freiheitsgrades ermöglicht
es, die Kapazitätsausnutzung um bis zu 33 % zu steigern und damit
die Amortisationszeit der Bearbeitungsstationen um ein Drittel zu
senken.

Damit der Freiheitsgrad "Ausweichmaschine" der Arbeitsgangterminierung in ausreichendem Umfang zur Verfügung steht, müssen zwei Vor-
aussetzungen gegeben sein:

- Die Fertigungsplanung hat sämtliche für die Durchführung
  eines Arbeitsgangs infrage kommenden Maschinen zu erfassen
  und in der Reihenfolge ihrer Eignung im "Strukturarbeits-
  plan" aufzuführen.

- Durch den Kapazitätsabgleich darf keine für die Arbeitsgangterminierung verbindliche Zuordnung von Arbeitsvorgang
  und Maschine getroffen werden.

Die erste Voraussetzung ermöglicht das von Moll entwickelte Verfahren /24/. Damit verbleibt als wesentliche Aufgabe die Entwicklung
eines geeigneten Verfahrens für den Kapazitätsabgleich.

Im weiteren sind zwei Verfahren des Kapazitätsabgleichs beschrieben.
Während der "maschinenorientierte" Kapazitätsabgleich eine feste
Zuordnung zwischen Bearbeitungsvorgang und Bearbeitungsmaschine
vorsieht, verzichtet der sog. "funktionale" Kapazitätsabgleich auf
eine feste Zuordnung. Um die Vor- und Nachteile beider Verfahren
zu verdeutlichen und das Verständnis der nachfolgenden Ausführungen
zu erleichtern, wird zunächst auf die möglichen Gestaltungsprinzi-
pien eines Verfahrens für den Kapazitätsabgleich eingegangen.

3.1 Gestaltungsprinzipien

Die wesentlichen Gestaltungsmerkmale des Kapazitätsabgleichs im
flexiblen Fertigungssystem betreffen die Art der Kapazitätszuordnung, die Auswahl des verlagernden Arbeitsvorgangs bzw. Auftrags,
die Abgleichsreihenfolge und die Abgleichsrichtung sowie die Abgleichsgrenze (Bild 14).

Gestaltungsmerkmale	Ausprägungen		
1 Kapazitätszuordnung	1.1 maschinenorientiert	1.2 funktional	
2 Auswahl des zu verlagernden Arbeitsvorgangs bzw. Auftrags	2.1 nach externen Prioritäten	2.2 nach dem Abgleichnutzen	
3 Abgleichsreihenfolge	3.1 linear	3.2 nicht linear	
4 Abgleichsrichtung	4.1 vorwärts	4.2 rückwärts	4.3 vorwärts und rückwärts
5 Abgleichsgrenze	5.1 Einzelkriterium Maschine	5.2 Einzelkriterium Periode	5.3 Summenkriterium

Bild 14 : Gestaltungsmerkmale für Verfahren des Kapazitätsabgleichs
bei flexiblen Fertigungssystemen

3.1.1 Kapazitätszuordnung

Entsprechend der üblichen Vorgehensweise ordnet man die von den Aufträgen bzw. Arbeitsvorgängen ausgehenden Belastungen unmittelbar den einzelnen Arbeitsplätzen zu. Diese Vorgehensweise wird im weiteren als "maschinenorientierte" Kapazitätszuordnung bezeichnet. Ein Nachteil der maschinenorientierten Kapazitätszuordnung ist, daß der Freiheitsgrad "Ausweichmaschine" nur dann erhalten bleibt, wenn von der im Kapazitätsabgleich vorgenommenen Kapazitätszuordnung wieder abgewichen wird. In diesem Zusammenhang stellt sich die Frage, ob nicht ein vereinfachter Kapazitätsabgleich ohne Festlegung der örtlichen Zuordnung möglich ist. Ein derartiger Kapazitätsabgleich muß von einer "funktionalen" Kapazitätszuordnung ausgehen.

Allgemein ist die Funktion eines beliebig abgegrenzten Systems (aufgefaßt als "black box") durch den Zusammenhang zwischen den in das System einfließenden Größen (input) und den das System verlassenden Größen (output) gegeben. Ist das System eine Bearbeitungsmaschine, entspricht deren Funktion der Veränderung, die durch diese Maschine während eines Arbeitsvorgangs an einem Werkstück vorgenommen wird. So verstanden, kann eine Maschine soviele unterschiedliche Funktionen besitzen, wie sie unterschiedliche Veränderungen an Werkstücken hervorrufen kann.

Um die Vielfalt der dadurch möglichen funktionalen Zuordnungen einzuschränken, ist es zweckmäßig, die Bearbeitungsfunktion anhand einer mengentheoretischen Betrachtung festzulegen. Dabei werden die Funktionsbereiche sämtlicher in einem Fertigungssystem enthaltenen Bearbeitungsstationen als Mengen gedeutet. Als Bearbeitungsfunktion ist jede Teilmenge definiert, die sich durch die ODER-Verknüpfung der einzelnen Funktionsbereiche ergibt:

$$F = \{ B_i \vee B_j \}$$

In <u>Bild 15</u> sind die Funktionsbereiche einer Bohrmaschine (B1) und einer Fräsmaschine (B2) als Scheiben dargestellt. Jedes als Fläche erhaltene Teilstück stellt eine Bearbeitungsfunktion dar. Dadurch ist verdeutlicht, daß eine Reihe von Arbeitsvorgängen in diesem Fertigungssystem ausschließlich auf der Fräsmaschine (Funk-

tion F1), eine Anzahl anderer Arbeitsvorgänge nur auf der Bohrmaschine (Funktion F2) durchgeführt werden kann.

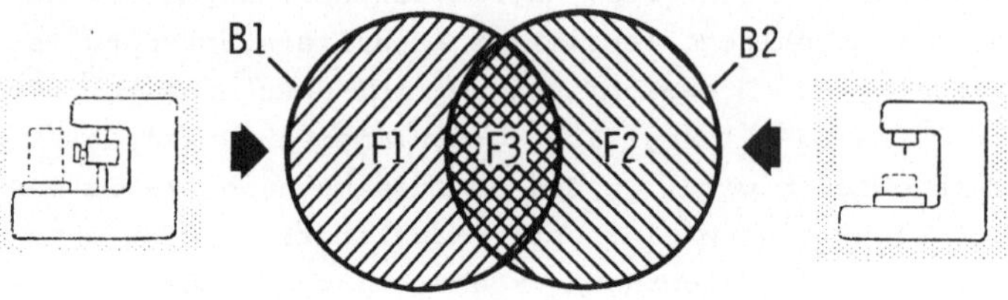

Bild 15: Definition der Bearbeitungsfunktion
          B1, B2 ...   Funktionsbereiche der Maschinen M1 und M2
          F1, F2, F2...   Bearbeitungsfunktionen der Maschinen M1 und M

Es sind jedoch auch Arbeitsgänge vorstellbar - z.B. das Fertigen
bestimmter Bohrungen - die alternativ auf beiden Maschinen durchzuführen sind. Die diesen Arbeitsvorgängen entsprechende Funktion
stellt, mathematisch gesehen, die Schnittmenge beider Funktionsbereiche dar:

$$F3 = \{ B1 \wedge B2 \}$$

Die Bearbeitungsfunktion umfaßt somit je nachdem, wie sich die Funktionsbereiche der im Fertigungssystem befindlichen Bearbeitungsstationen zueinander verhalten, den gesamten Funktionsbereich einer
Bearbeitungsstation oder nur einen Teil desselben. Eine Bearbeitungsfunktion kann dabei durchaus eine Vielzahl von Fertigungsauf-
gaben beinhalten. Sie schließt auch unterschiedliche Bearbeitungsverfahren ein, sofern durch diese das gleiche Bearbeitungsergebnis
erreicht wird.

Stellt man die Funktionsbereiche eines Systems durch die auf die
beschriebene Weise gegebenen Funktionen dar, so enthalten die spe-
ziellen Maschinen nur eine Bearbeitungsfunktion (Einzelfunktion),
die universellen Maschinen mehrere Bearbeitungsfunktionen. Im folgenden wird die sich mathematisch als Vereinigung ergebende Zusam-
menfassung mehrerer Funktionen mit dem Begriff "Funktionskombination" bezeichnet. Unter diesen Begriff fallen also nicht nur die
Funktionsbereiche der universellen Maschinen, sondern z.B. auch
die Gesamtmengen aller Funktionen, die von mehreren unterschiedlichen Maschinen durchgeführt werden können. Als Rang (R) einer Funktionskombination wird in diesem Zusammenhang die Anzahl der in ihr
enthaltenen Einzelfunktionen bezeichnet:

$$R = \{F1, F2, F3 \ldots FN\} = N$$

Dementsprechend ist der Rang eines einfachen Fertigungssystems, das
aus einer Fräs- und einer Bohrmaschine - wie in Bild 15 gezeigt -
besteht und drei Bearbeitungsfunktionen einschließt:

$$R = \{F1, F2, F3\} = 3$$

Am Beispiel dieses einfachen Fertigungssystems läßt sich zeigen, daß
bei funktionaler Kapazitätszuordnung das Kapazitätsangebot zwischen
einer unteren Grenze ("Kapazitätsuntergrenze") und einer oberen
Grenze ("Kapazitätsobergrenze") variiert und damit der Kapazitätsbelastung angepaßt werden kann (Bild 16).

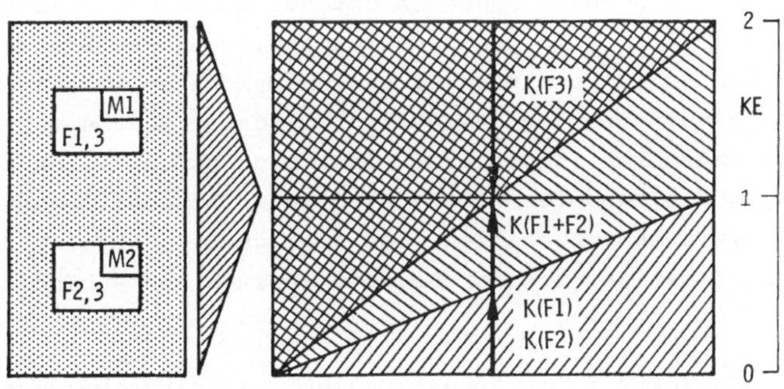

Bild 16: Kapazitätsdiagramm für ein einfaches Fertigungssystem

Das Kapazitätsdiagramm macht deutlich, daß das Kapazitätsangebot der beiden Bearbeitungsfunktionen F1 und F2 in den Grenzen von 0...1 Kapazitätseinheit (KE), das der Bearbeitungsfunktion F3 sogar in den Grenzen von 0...2 KE der Belastung folgen kann. Dabei ist unterstellt, daß die beiden Bearbeitungsmaschinen M1 und M2 die gleiche quantitative Kapazität von 1 KE (gemessen z.B. in Tagen) aufweisen.

Aus dem Kapazitätsdiagramm geht weiterhin hervor, daß das Kapazitätsangebot einer Bearbeitungsfunktion von der Belastung der mit dieser Bearbeitungsfunktion in Beziehung stehenden Bearbeitungsfunktionen abhängt. Sind z.B. im dargestellten Fertigungssystem die Funktionen F1 und F2 bereits zu je 0,5 KE belastet, so kann die Funktion F3 höchstens noch mit 1 KE belastet werden, da die Gesamtkapazität des Fertigungssystems 2 KE beträgt. Dieses Beispiel zeigt, daß neben der Kapazitätsgrenze der Einzelfunktionen auch die Kapazitätsgrenzen der Funktionskombinationen zu berücksichtigen sind.

Allgemein wird festgelegt: Der Wert der Kapazitätsbelastung einer bestimmten Bearbeitungsfunktion, die innerhalb einer Periode (Tag) höchstens bewältigt werden kann, ohne die betreffende Funktion zu überlasten, wird als Kapazitätsobergrenze (KOG) bezeichnet. Dementsprechend ist die Kapazitätsuntergrenze (KUG) durch den Wert gegeben, den die Kapazitätsbelastung mindestens einnehmen muß, damit keine Leerzeiten der Maschinen auftreten.

Die Kapazitätsbelastung darf jedoch nicht bei allen Bearbeitungsfunktionen die Kapazitätsobergrenze erreichen, wenn das System nicht überlastet werden soll, da die universellen Maschinen im allgemeinen gleichzeitig nur eine der in ihr installierten Bearbeitungsfunktionen durchzuführen in der Lage sind. Dadurch entstehen zwischen den Kapazitätsangeboten unterschiedlicher Bearbeitungsfunktionen bzw. Funktionskombinationen gegenseitige Beziehungen, die die Vergabe von Kapazität von der Belastungssituation abhängig machen.

Bild 17 zeigt den Vorteil der "funktionalen" Kapazitätsbetrachtung: Da die Belastungswerte der Aufträge unmittelbar den Bearbeitungsfunktionen zugeordnet sind, wird von vornherein ein technologi-

scher Abgleich erzielt. Dem gegenüber muß bei maschinenorientierter Kapazitätszuordnung der technologische Abgleich erst herbei-
geführt werden, indem man alternativ durchführbare Arbeitsvorgänge
verlagert.

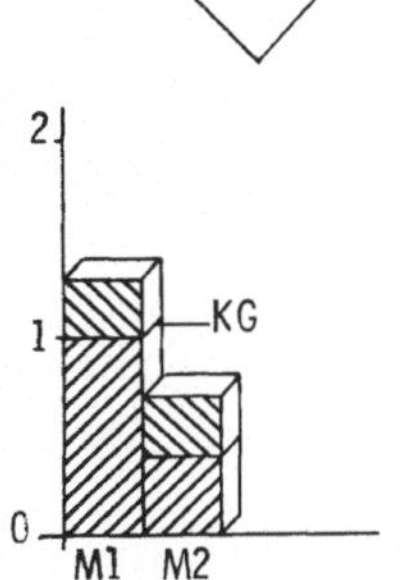
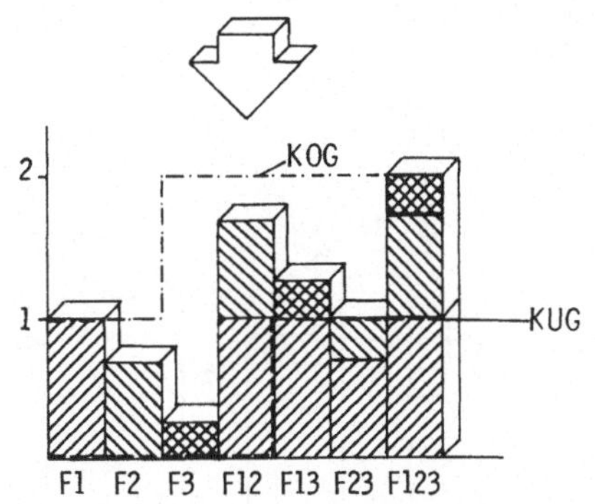

M1,M2 Bearbeitungsmaschinen   KG   Kapazitätsgrenze
F1...F3 Bearbeitungsfunktionen   KOG   Kapazitätsobergrenze
ANR1,ANR2 Auftragsnummern   KUG   Kapazitätsuntergrenze

<u>Bild 17</u>: Maschinenorientierte und funktionale Kapazitätszuordnung

3.1.2   <u>Auswahl des Verlagerungsobjekts</u>

Die Auswahl des Arbeitsvorgangs oder Auftrags, durch dessen Verlagerung die Belastungssituation verbessert werden soll, kann mit-
tels e x t e r n e r P r i o r i t ä t e n oder anhand des erzielbaren A b g l e i c h s n u t z e n s erfolgen. Vorteil der
Wahl aufgrund externer Prioritäten ist, daß vorrangig terminlich
unkritische Aufträge verschoben werden. Nachteilig wirkt sich aus,
daß viele Abgleichschritte notwendig sind, um eine hohe Abgleichsgüte zu erzielen. Dem gegenüber wird bei einer Auswahl anhand des
erzielbaren Abgleichsnutzens schon nach wenigen Abgleichschritten
eine hohe Abgleichsgüte erreicht. Die Auswirkungen der Verlagerungen terminkritischer Aufträge lassen sich dadurch klein halten,
daß man die Verschiebeweite auf wenige Perioden (Tage) begrenzt.

3.1.3 Abgleichsreihenfolge

Im Hinblick auf die Reihenfolge, in der die Belastungen abgeglichen werden, ist der l i n e a r e   A b g l e i c h und der
n i c h t l i n e a r e   A b g l e i c h (Bild 18) zu unterscheiden. Bei linearem Abgleich ist die Abgleichsreihenfolge fest
vorgegeben, es werden immer wieder nacheinander die Bearbeitungsmaschinen M1, M2, ... MN oder die Perioden P1, P2... PN abgeglichen. Dabei kann man bestimmte Prioritäten (Engpaßmaschine; Periode
"heute") berücksichtigen.

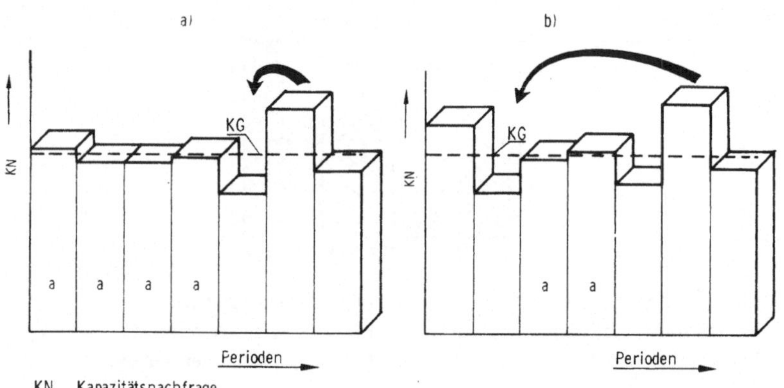

Bild 18: a) linearer und b) nichtlinearer Abgleich

Der nichtlineare Abgleich ist dadurch gekennzeichnet, daß immer
dort abgeglichen wird, wo momentan die größte Belastungsabweichung vorliegt. Dieses Vorgehen wirkt sich auf die Terminsituation der Aufträge ungünstiger aus als der lineare Abgleich, jedoch ist die Anzahl der Abgleichschritte geringer und die erreichte Abgleichsgüte höher.

3.1.4 Abgleichsrichtung

Die Richtung des Abgleichs ist stets im Zusammenhang mit der Abgleichsreihenfolge zu sehen. <u>Bild 19</u> zeigt die Möglichkeit in bezug auf die Abgleichsrichtung. Ein linearer Abgleich kann vorwärts (Richtung Zukunft) oder rückwärts (Richtung Gegenwart) stattfinden. Bei nichtlinearem Abgleich wird sowohl vorwärts als auch rückwärts abgeglichen.

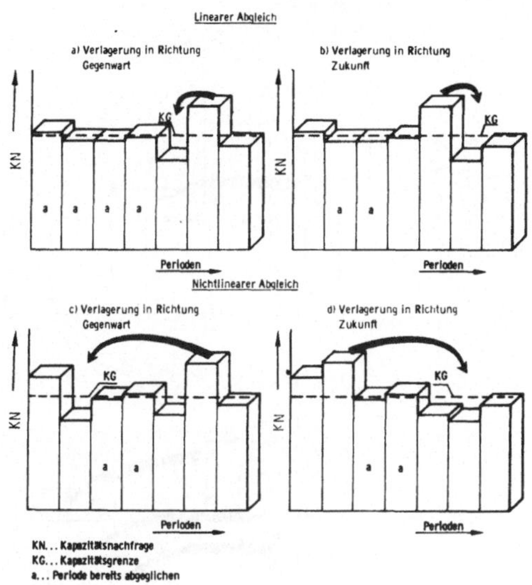

<u>Bild 19</u>: Mögliche Abgleichsrichtungen

3.1.5 Abgleichsgrenze

Die bei der Gegenüberstellung von Kapazitäts- und Belastungsprofil erkannten Belastungsabweichungen gleicht man ab, solange sie eine vorgegebene Abgleichsgrenze überschreiten. Bei der Festlegung der Abgleichsgrenze ist ein Kompromiß zwischen den gegenläufigen Forderungen "geringer Rechenaufwand" und "hohe Abgleichsgüte" zu finden. Beide Forderungen hängen von Art und Ausmaß der zulässigen Belastungsabweichung ab. Je nachdem, auf welche Belastungsabweichung sich die Abgleichsgrenze bezieht, spricht man von der Anwen-

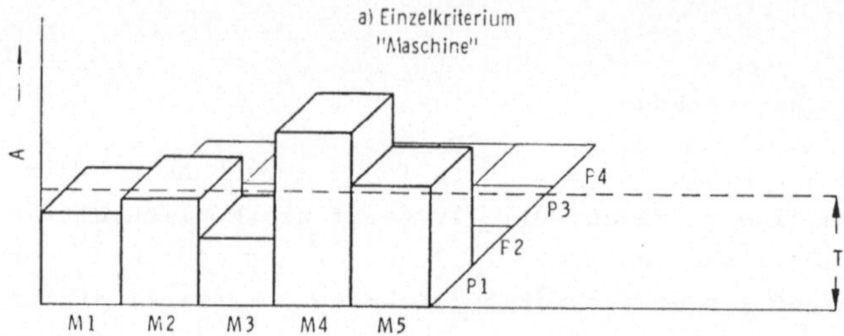

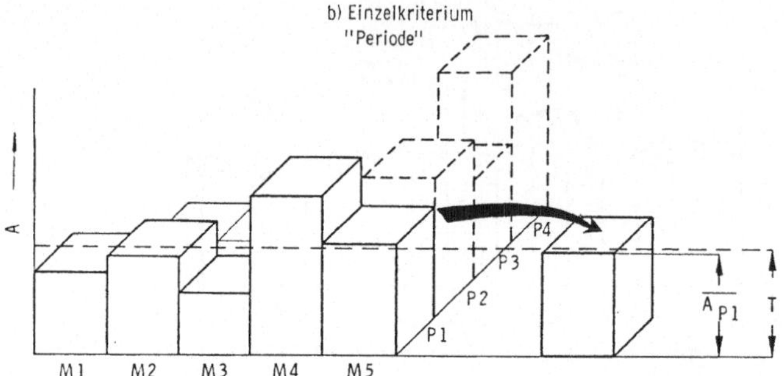

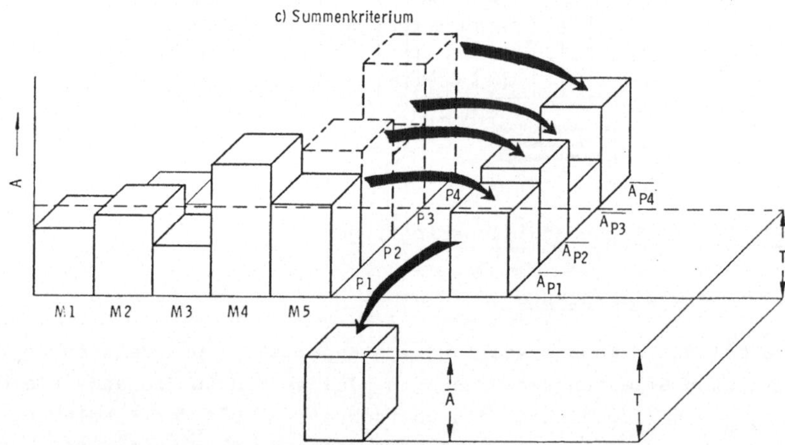

A... Belastungsabweichung
M... Maschine
$\overline{A}_{Pn}$...durchschnittliche Belastungsabweichung in der n - ten Periode
$\overline{A}$...durchschnittliche Belastungsabweichung
T...zulässige Toleranz für Belastungsabweichungen
P...Periode

Bild 20: Anwendung unterschiedlicher Toleranzkriterien beim Kapazitätsabgleich

dung des "Einzelkriterium Maschine" (<u>Bild 20 a</u>), das "Einzelkriterium Periode" (<u>Bild 20 b</u>) oder vom "Summenkriterium" (<u>Bild 20 c</u>).

Da das "Einzelkriterium Maschine" die strengste Abgleichsforderung beinhaltet, ist es auch mit dem höchsten Rechenaufwand verbunden. Beim "Einzelkriterium Periode" ist der Durchschnitt der Belastungsabweichungen einer Periode, beim Summenkriterium der Durchschnitt der Belastungsabweichungen des betrachteten Zeitraums maßgeblich. An einzelnen Maschinen bzw. in einzelnen Perioden können also auch größere Belastungsabweichungen auftreten, wenn dies durch niedrigere Belastungsabweichungen an anderen Maschinen bzw. in anderen Perioden wieder ausgeglichen wird.

3.2 Verfahrensalternativen

3.2.1 Auswahl

Kombiniert man die Ausprägungen der beschriebenen Gestaltungsmerkmale, so erhält man eine Reihe von alternativen Verfahren, die sich in unterschiedlichem Maß für den Kapazitätsabgleich bei flexiblen Fertigungssystemen eignen. Für den angestrebten Vergleich der beiden Möglichkeiten der Kapazitätszuordnung wurden zwei Verfahrensalternativen ausgewählt, deren Ausprägungen aus Bild 21 ersichtlich sind.

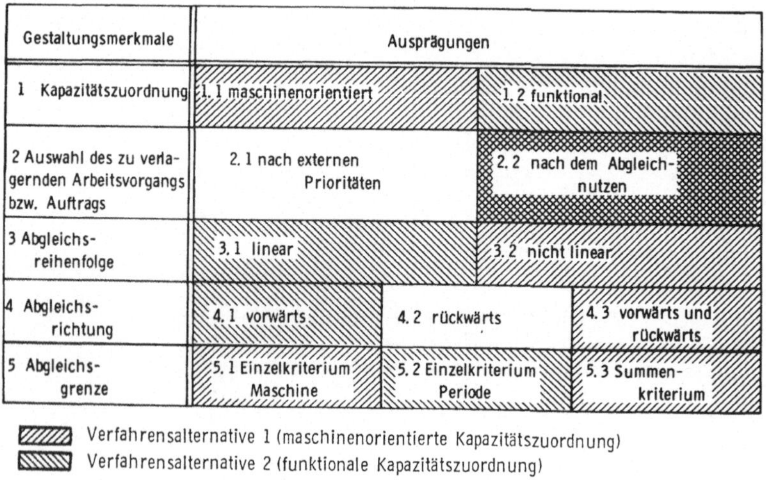

Gestaltungsmerkmale	Ausprägungen		
1 Kapazitätszuordnung	1.1 maschinenorientiert	1.2 funktional	
2 Auswahl des zu verlagernden Arbeitsvorgangs bzw. Auftrags	2.1 nach externen Prioritäten	2.2 nach dem Abgleichnutzen	
3 Abgleichsreihenfolge	3.1 linear	3.2 nicht linear	
4 Abgleichsrichtung	4.1 vorwärts	4.2 rückwärts	4.3 vorwärts und rückwärts
5 Abgleichsgrenze	5.1 Einzelkriterium Maschine	5.2 Einzelkriterium Periode	5.3 Summenkriterium

▨▨▨ Verfahrensalternative 1 (maschinenorientierte Kapazitätszuordnung)
▧▧▧ Verfahrensalternative 2 (funktionale Kapazitätszuordnung)

Bild 21: Ausprägungen der Gestaltungsmerkmale bei den Verfahren MAKAP und FUNKAP

Kennzeichen des auf der herkömmlichen Art der maschinenorientierten Kapazitätszuordnung beruhenden Verfahrensalternative 1 sind: Verlagerung der Arbeitsgänge bzw. Aufträge nach Maßgabe des Abgleichsnutzens, nichtlinearer Abgleich in beiden Richtungen und Anwendung sowohl des Einzelkriteriums Maschine wie auch des Summenkriteriums. Auch die auf der funktionalen Kapazitätszuordnung aufbauende Verfahrensalternative 2 wählt das Verlagerungsobjekt nach dem Abgleichsnutzen. Im Gegensatz zur Verfahrensalternative 1 erfolgt der Abgleich jedoch linear und ausschließlich in Richtung Zukunft. Als Abgleichskriterium ist lediglich das "Einzelkriterium Periode" benutzt.

Maßgebliche Kriterien für die Wahl dieser Kombinationen waren die erreichbare Abgleichsgüte sowie der benötigte Rechenaufwand. Da die Auswahl des Verlagerungsobjekts nach dem Abgleichsnutzen hinsichtlich beider Kriterien vorteilhaft ist, wurde diese Ausprägung für beide Verfahrensalternativen gewählt. Um einen praktischen Einsatz der Verfahren zu erleichtern, wurde zusätzlich die Möglichkeit vorgesehen, auch externe Prioritäten heranzuziehen.

Für die übrigen Gestaltungsmerkmale mußten voneinander abweichende Ausprägungen gewählt werden. Während bei maschinenorientierter Kapazitätszuordnung eine befriedigende Abgleichsgüte nur bei nichtlinearem Abgleich sowohl in Richtung Gegenwart als auch in Richtung Zukunft zu erzielen ist, genügt bei funktionaler Kapazitätszuordnung ein verhältnismäßig einfacher Abgleichsalgorithmus (z.B. linearer Abgleich in Richtung Zukunft). Außerdem war es erforderlich, beiden Verfahren unterschiedliche Abbruchskriterien zugrundezulegen: Während beim maschinenorientierten Kapazitätsabgleich aus Gründen des Rechenaufwands entsprechend der üblichen Vorgehensweise das Summenkriterium benutzt ist (zusätzlich wird ein - allerdings schwaches - "Einzelkriterium Maschine" verwendet, um zu hohe Belastungsschwankungen an den Maschinen zu verhindern, lag für den funktionalen Kapazitätsabgleich die Verwendung des "Einzelkriteriums Periode" nahe.

Nachfolgend sind die beiden ausgewählten Verfahrensalternativen näher beschrieben. Dabei wird insbesondere auf den Ablauf des Kapazitätsabgleichs sowie auf die im einzelnen durchzuführenden Schritte eingegangen. Ein Rechenbeispiel verdeutlicht die dargelegte Vorgehensweise.

3.2.2 Grundlagen des maschinenorientierten Kapazitätsabgleichs

3.2.2.1 Ablauf

Der Ablauf des Kapazitätsabgleichs bei maschinenorientierter Kapazitätszuordnung ist vereinfacht in Bild 22 dargestellt. Zunächst werden das aus Maschinendaten des flexiblen Fertigungssystems ermittelte Kapazitätsprofil und das aus den Auftragsdaten der betrieblichen Terminierung erhaltene Belastungsprofil einander gegenübergestellt. Danach wird geprüft, ob Belastungsabweichungen auftreten, die eine vorgegebene Abgleichsgrenze überschreiten. Wesentlich für die Anwendung des Prinzips der maschinenorientierten Kapazitätszuordnung bei flexiblen Fertigungssystemen ist, daß man versucht, die Belastungsabweichungen möglichst vollständig durch technologische Abgleichsmaßnahmen zu beseitigen. Dabei wird jeweils

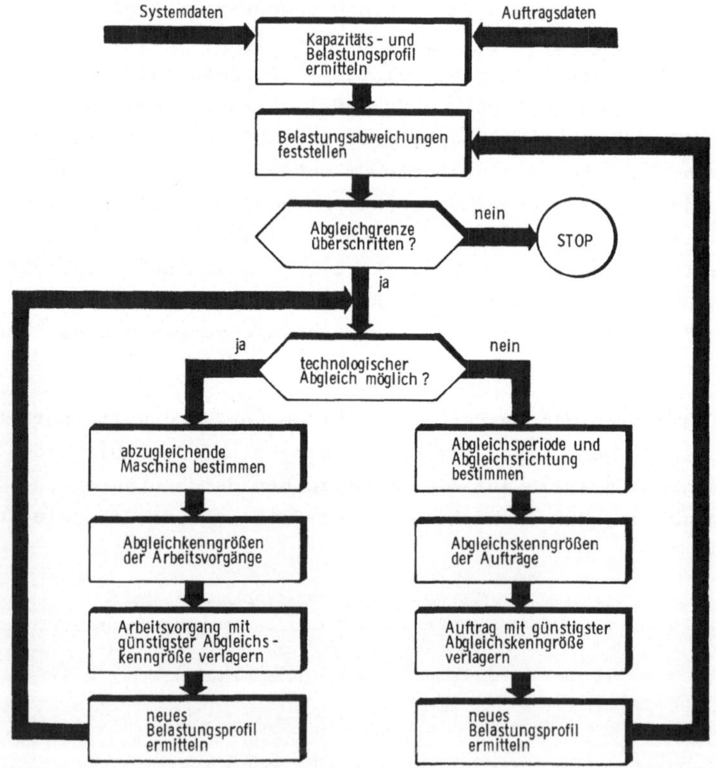

Bild 22 : Ablauf des maschinenorientierten Kapazitätsabgleichs

der Arbeitsvorgang auf eine Ausweichmaschine verlagert, durch den die günstigste Abgleichswirkung zu erreichen ist. Hierdurch wird die Zahl der Abgleichsschritte gering gehalten.

Zeitliche Abgleichsmaßnahmen werden erst ergriffen, wenn die technologischen Abgleichsmöglichkeiten erschöpft sind. Als erstes ist dann die Periode, in der der Abgleich erfolgen soll, zu ermitteln. Nach dem Prinzip der "vertikalen" Belastung wird darauf ein vollständiger Auftrag in diese Periode eingelastet oder aus der Periode ausgelagert. Anschließend wird das Belastungsprofil neu ermittelt und der beschriebene Ablauf solange wiederholt, bis die vorgegebene Abgleichsgrenzen eingehalten sind.

3.2.2.2 Ermittlung des Kapazitäts- und Belastungsprofils

Die Kapazität einer Bearbeitungsmaschine ist durch die Bereitschaftszeit und den zeitlichen Nutzungsgrad bestimmt. Geht man von einem Dreischichtbetrieb und annähernd gleichen Nutzungsgraden der Bearbeitungsmaschinen aus, so ergibt sich für sämtliche Maschinen der gleiche Kapazitätsbetrag von einer Kapazitätseinheit je Tag (abgekürzt KE). Das Kapazitätsprofil entspricht in diesem Fall einer geraden Linie.

Das Belastungsprofil erhält man, wenn man für jede Periode die zur Durchführung der Arbeitsvorgänge benötigten Zeiten addiert. Es ergibt sich eine mehr oder weniger vom Kapazitätsprofil abweichende Kurve (siehe Bild 23).

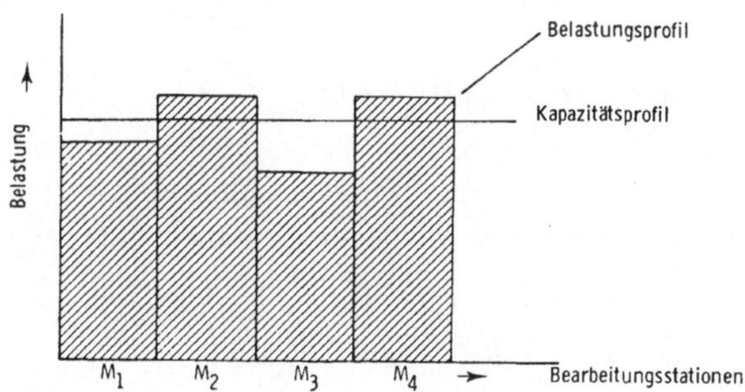

Bild 23: Kapazitäts- und Belastungsprofil bei maschinenorientierter Kapazitätszuordnung

3.2.2.3 Feststellen der Belastungsabweichungen

Die Belastungsabweichungen ergeben sich als Differenz von Kapazi-
täts- und Belastungsprofil. Folgende Belastungsabweichungen werden beim hier beschriebenen Verfahren des maschinenorientierten
Kapazitätsabgleichs ermittelt:

- Belastungsabweichung, bezogen auf eine Maschine (Wert A (M))
- Belastungsabweichung, bezogen auf eine Periode Wert A (P)
- Belastungsabweichung, bezogen auf den gesamten Abgleichszeit-
  raum (Wert A).

$$A\,(M) = K\,(M) - B\,(M)$$
$$A\,(P) = \sum K\,(M) - B\,(M)$$
$$A \quad = \sum A\,(P) = \sum K\,(M) - B\,(M)$$

3.2.2.4 Berechnen der Abgleichskenngrößen

Das hier beschriebene Verfahren wählt die zu verlagernden Arbeitsgänge bzw. Aufträge nach dem Abgleichsnutzen aus. Daneben können
auch zusätzlich externe Prioritäten herangezogen werden. Die für
die "gezielte" Auswahl benutzten Kenngrößen sind

- der technologische Verlagerungswert (VWT) und
- der zeitliche Verlagerungswert (VWZ).

Der t e c h n o l o g i s c h e   V e r l a g e r u n g s w e r t
gibt an, um welchen Betrag sich die Belastungsabweichung ändert,
wenn ein Arbeitsvorgang auf eine andere Maschine verlagert wird
(Bild 24)):

$$VWT = \max \left\{ A\,(M)_{alt} - A\,(M)_{neu} \right\}$$

Analog dazu drückt der zeitliche Verlagerungswert die Veränderung
der Belastungsabweichungen bei Verlagerung eines Auftrags in eine
andere Periode aus:

$$VWZ = \max \left\{ \sum A\,(M)_{alt} - A\,(M)_{neu} \right\}$$

Wird kein Auftrag mit positivem Verlagerungswert gefunden, obwohl
die gewünschte Abgleichsgrenze noch nicht erreicht ist, werden
auch Verlagerungen zugelassen, die eine momentane Verschlechterung

der Belastungssituation bewirken. Um für diesen Fall ein "Hin- und Herschaukeln" zu verhindern, werden die betreffenden Aufträge für mindestens zwei zeitliche Abgleichsschritte gesperrt.

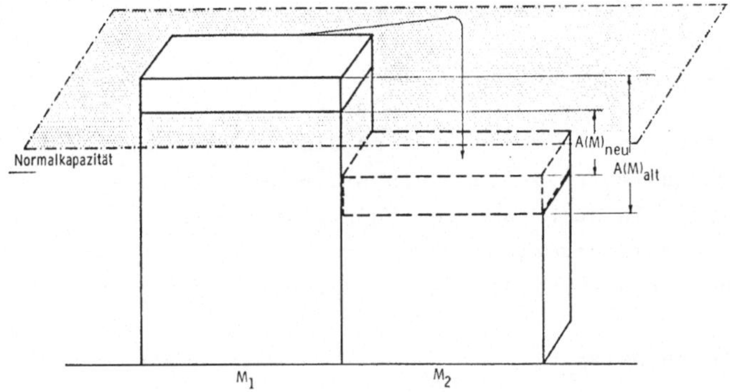

A(M)$_{alt}$ = Belastungsabweichung vor Verlagerung des Arbeitsvorgangs

A(M)$_{neu}$ = Belastungsabweichung nach Verlagerung des Arbeitsvorgangs

__Bild 24__: Ermitteln des technologischen Verlagerungswerts

3.2.2.5 Bestimmen von Reihenfolge und Richtung des Abgleichs

Abgeglichen wird stets in der Periode, die die größte Belastungsabweichung aufweist. Da die Zahl der Abgleichsschritte bei maschinenorientierter Kapazitätsordnung wesentlich höher ist als bei funktionaler Kapazitätszuordnung, erweist sich dieses nach Kapitel 4.1.3 als nichtlinearer Abgleich bezeichnete Vorgehen als notwendig, um den Rechenaufwand zu beschränken. Dem gleichen Ziel dient die Strategie, in beiden Richtungen (vorwärts und rückwärts) abzugleichen.

Es gilt für die abzugleichende Periode PAB

$$PAB = P \left\{ A(M) = max \right\}$$

Die Verlagerungsrichtung ergibt sich aus den bis zum Zeitpunkt der abzugleichenden Periode aufsummierten Belastungsabweichungen:

$$A(PA) \underset{P=P1}{\overset{P=PAB}{=\leqq}} A(P)$$

Ist dieser dem Summenkriterium entsprechende Abgleichswert positiv,
überwiegen also die Überlastungen, so findet eine Vorwärtsverla-
gerung (Richtung Zukunft), andernfalls eine Rückwärtsverlagerung
(Richtung Gegenwart) statt.

3.2.2.6 Beenden des Abgleichs

Wie schon erwähnt, werden die durch die technischen und zeitlichen
Abgleichsmaßnahmen erzielten Verbesserungen sowohl nach dem "Summenkriterium" als auch nach dem "Einzelkriterium Maschine" beurteilt. Der Abgleichsvorgang wird abgebrochen, wenn für beide Kriterien eine vorgegebene Abgleichsgrenze unterschritten ist.

3.2.2.7 Rechenbeispiel

Der Ablauf des geschilderten Verfahrens läßt sich leicht anhand
eines Rechenbeispiels nachvollziehen. Um die Übersichtlichkeit zu
erhöhen, beschränkt sich das Beispiel, das von der bereits in
Bild 14 dargstellten Kapazitäts- und Belastungssituation ausgeht,
auf den Abgleich der ersten Periode.

Bild 25 zeigt die vollständigen Belastungsdaten für das Beispiel
aus Bild 12 (Fertigungssystem mit fünf sich teilweise ersetzenden
Bearbeitungsmaschinen und insgesamt drei verschiedenen Bearbeitungsfunktionen). Aus der oberen Bildhälfte geht die Belastung
vor dem Abgleich, aus der unteren Bildhälfte die Belastung nach dem
Abgleich hervor. Aus der unteren Bildhälfte ist außerdem noch zu
ersehen, welcher Auftrag (siehe Pfeil) in welchem Arbeitsschritt
(siehe Nummer in den gestrichelten Kreisen) verlagert wird.

Mit dem oben beschriebenen Verfahren benötigt man 17 zeitliche und
13 technische Abgleichsschritte, um die vorgegebene Abgleichsgrenze von 3 %, bezogen auf die Periode (für den Abgleich der 1. Periode ist das Summenkriterium identisch mit dem Einzelkriterium !),
zu erreichen.

Die Auswahl der zu verlagernden Arbeitsvorgänge bzw. Aufträge soll
anhand der ersten vier Verlagerungsschritte erläutert werden.
Bild 26 zeigt, welche Belastungen der Maschinen entstehen und welche Belastungsabweichungen sich ergeben, wenn man den angegebenen
Arbeitsvorgang (technischer Abgleich, Schritte 1,2,3) bzw. den angegebenen Auftrag (zeitlicher Abgleich, Schritt 4) verlagert.

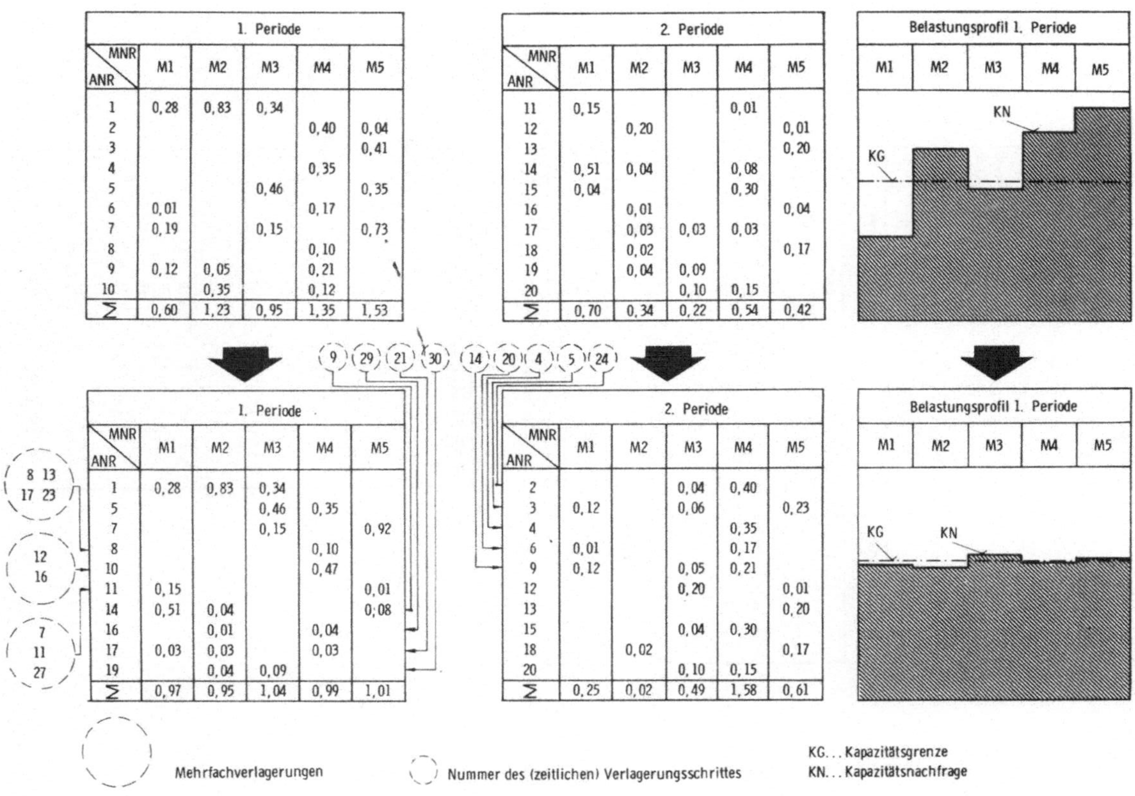

1. Periode

MNR / ANR	M1	M2	M3	M4	M5
1	0,28	0,83	0,34		
2				0,40	0,04
3					0,41
4				0,35	
5			0,46		0,35
6	0,01			0,17	
7	0,19		0,15		0,73
8				0,10	
9	0,12	0,05		0,21	
10		0,35		0,12	
Σ	0,60	1,23	0,95	1,35	1,53

2. Periode

MNR / ANR	M1	M2	M3	M4	M5
11	0,15			0,01	
12		0,20			0,01
13					0,20
14	0,51	0,04		0,08	
15	0,04			0,30	
16		0,01			0,04
17		0,03	0,03	0,03	
18		0,02			0,17
19		0,04	0,09		
20			0,10	0,15	
Σ	0,70	0,34	0,22	0,54	0,42

1. Periode

MNR / ANR	M1	M2	M3	M4	M5
1	0,28	0,83	0,34		
5			0,46	0,35	
7			0,15		0,92
8				0,10	
10				0,47	
11	0,15				0,01
14	0,51	0,04			0;08
16		0,01		0,04	
17	0,03	0,03		0,03	
19		0,04	0,09		
Σ	0,97	0,95	1,04	0,99	1,01

2. Periode

MNR / ANR	M1	M2	M3	M4	M5
2			0,04	0,40	
3	0,12		0,06		0,23
4				0,35	
6	0,01			0,17	
9	0,12		0,05	0,21	
12			0,20		0,01
13					0,20
15			0,04	0,30	
18		0,02			0,17
20			0,10	0,15	
Σ	0,25	0,02	0,49	1,58	0,61

Bild 25: Belastungsdaten und Reihenfolge der zeitlichen Abgleichs- schritte beim maschinenorientierten Kapazitätsabgleich

ARBEITSVORGANGSBEWERTUNG 1. ABGLEICHSSCHRITT

ANR	AGN	MVOR	MNACH		M1	M2	M3	M4	M5	VWT
2	1	5	1	B	0.64	1.23	0.95	1.35	1.49	0.08
				A(B)	-0.36	0.23	-0.05	0.35	0.49	
3	1	5	1	B	0.72	1.23	0.95	1.35	1.41	0.24
				A(B)	-0.28	0.23	-0.05	0.35	0.41	
2	1	5	3	B	0.60	1.23	0.99	1.35	1.49	0.08
				A(B)	-0.40	0.23	-0.01	0.35	0.49	
3	1	5	3	B	0.60	1.23	1.07	1.35	1.41	0.10
				A(B)	-0.40	0.23	0.07	0.35	0.41	
3	2	5	3	B	0.60	1.23	1.01	1.35	1.47	0.10
				A(B)	-0.40	0.23	0.01	0.35	0.47	

ARBEITSVORGANGSBEWERTUNG 2. ABGLEICHSSCHRITT

ANR	AGN	MVOR	MNACH		M1	M2	M3	M4	M5	VWT
2	1	5	1	B	0.76	1.23	0.05	1.35	1.37	0.08
				A(B)	-0.24	0.23	-0.05	0.35	0.37	
2	1	5	3	B	0.72	1.23	0.99	1.35	1.37	0.08
				A(B)	-0.28	0.23	-0.01	0.35	0.37	
3	2	5	3	B	0.72	1.23	1.01	1.35	1.35	0.10
				A(B)	-0.28	0.23	0.01	0.35	0.35	

ARBEITSVORGANGSBEWERTUNG 3. ABGLEICHSSCHRITT

ANR	AGN	MVOR	MNACH		M1	M2	M3	M4	M5	VWT
2	1	5	1	B	0.75	1.23	1.01	1.35	1.31	0.08
				A(B)	-0.24	0.23	0.01	0.35	0.31	

AUFTRAGSBEWERTUNG 4. ABGLEICHSSCHRITT

ANR		M1	M2	M3	M4	M5	VWT
1	B	0.48	0.40	0.67	1.35	1.31	-0.97
	A(B)	-0.52	-0.60	-0.38	0.35	0.31	
2	B	0.72	1.23	1.01	0.95	1.31	0.26
	A(B)	-0.28	0.23	0.01	-0.05	0.31	
3	B	0.64	1.23	0.95	1.35	1.08	0.07
	A(B)	-0.36	0.23	-0.05	0.35	0.08	
4	B	0.75	1.23	1.01	1.00	1.31	0.35
	A(B)	-0.24	0.23	0.01	0.00	0.31	
5	B	0.76	1.23	0.55	1.35	0.96	-0.17
	A(B)	-0.24	0.23	-0.40	0.35	-0.04	
6	B	0.75	1.23	1.01	1.18	1.31	0.16
	A(B)	-0.25	0.23	0.01	0.18	0.31	
7	B	0.57	1.23	0.86	1.35	0.58	-0.43
	A(B)	-0.43	0.23	-0.14	0.35	-0.42	
8	B	0.75	1.23	1.01	1.25	1.31	0.10
	A(B)	-0.24	0.23	0.01	0.25	0.31	
9	B	0.64	1.18	1.01	1.14	1.31	0.14
	A(B)	-0.35	0.18	0.01	0.14	0.31	
10	B	0.76	0.88	1.01	1.23	1.31	0.23
	A(B)	-0.24	-0.12	0.01	0.23	0.31	

Bild 26 : Ergebnisse der Auftragsbewertung im Rechenbeispiel nach den ersten vier Abgleichsschritten

Entsprechend der oben beschriebenen Vorgehensweise wird zunächst versucht, die Ausgangssituation durch technische Abgleichsmaßnahmen zu verbessern. Im Beispiel ergibt die Arbeitsvorgangsbewertung zunächst, daß in fünf Fällen eine Verlagerung eines Arbeitsvorgangs mit positivem Verlagerungswert (VWT) möglich ist. Am stärksten verringert sich die Belastungsabweichung (AB) gegenüber der Ausgangssituation (siehe schraffierte Zeile), wenn man Arbeitsvorgang 1 (AGN 1) des Auftrags 3 (ANR 3) von Maschine 5 (MVOR) auf Maschine 3 (MNACH) verlegt (VWT = 0,24 KE). Dieser Verlagerungswert von 0,24 KE ergibt sich aus der Verminderung der Überlastung von Maschine 5 um 0,12 KE und einer gleichzeitigen Erhöhung der Auslastung von Maschine 1 um den gleichen Betrag.

Im zweiten Schritt kommen noch drei Arbeitsvorgänge für eine Verlagerung infrage, wobei die stärkste Verbesserung bei 0,10 KE liegt. Im dritten Schritt steht nur noch ein Arbeitsgang zur Verfügung (VWT = 0,08). Damit sind die technischen Abgleichsmöglichkeiten erschöpft.

Deshalb überprüft man im vierten Abgleichschritt, welche zeitlichen Abgleichsmaßnahmen zu treffen sind. Da die Überlastungen überwiegen, ist aus der abzugleichenden Periode ein Auftrag auszulagern. Den höchsten Verlagerungswert berechnet man für Auftrag 4 (schraffierte Zeile), bei dessen Verlagerung die Überlastung der Maschine 4 um 0,35 KE verringert wird. Anschließend ist wieder zu untersuchen, welche technischen Abgleichsmaßnahmen jetzt möglich sind.

3.2.3 Grundlagen des funktionalen Kapazitätsabgleichs

3.2.3.1 Ablauf

Die funktionale Kapazitätsbetrachtung ordnet die Aufträge nicht den Maschinen, sondern den Bearbeitungsfunktionen zu. Dadurch wird von vornherein ein technologischer Abgleich erzielt, so daß für die Ermittlung des abgeglichenen Bearbeitungsprogramms pro Tag oder Schicht nur noch ein zeitlicher Abgleich vonnöten ist. Die Vorgehensweise ist vereinfacht in Bild 27 dargstellt: Zunächst ermittelt man aus den Systemdaten und den Auftragsdaten das funktionale Kapazitäts- bzw. Belastungsprofil, wobei sämtliche relevanten Funk-

tionen und Funktionskombinationen einbezogen werden. Dadurch wird
die durch ersetzende Bearbeitungsmaschinen gegebene Flexibilität
des Kapazitätsangebots berücksichtigt.

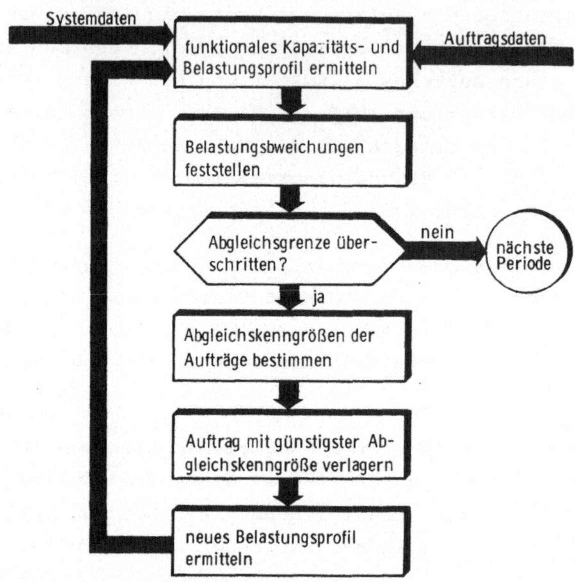

<u>Bild 27</u>: Vorgehensweise beim funktionalen Kapazitätsabgleich

Danach stellt man fest, ob Belastungsabweichungen (Über- oder Unterlastungen der Funktionen bzw. Funktionskombinationen) auftreten, die
eine vorgegebene Abgleichsgrenze über- bzw. unterschreiten. Ist dies
der Fall, bestimmt man für jeden Auftrag anhand von Kenngrößen den
Abgleichsnutzen, den man erzielt, wenn man den Auftrag verlagert.
Anschließend wird der Auftrag mit der günstigsten Abgleichskenngröße verlagert und das neue Belastungsprofil ermittelt. Das Verfahren ist beendet, sobald die Abgleichsgrenze unterschritten wird.
Nachfolgend sind die einzelnen Schritte des funktionalen Kapazitätsabgleichs näher erläutert.

3.2.3.2 Ermitteln des Kapazitäts- und Belastungsprofils

Wie bereits oben erläutert, besteht das Kapazitätsprofil bei funktionaler Kapazitätsbetrachtung aus einer Kapazitätsobergrenze (KOG) und einer Kapazitätsuntergrenze (KUG). Die Kapazitätsobergrenze (Kapazitätsuntergrenze) wurde definiert als Wert, den die Kapazitätsbelastung einer Funktion bzw. einer Funktionskombination höchstens einnehmen kann (mindestens einnehmen muß), damit die betreffende Funktion oder Funktionskombination nicht überlastet (unterlastet) ist.

Es ist offensichtlich, daß ein System für eine bestimmte Bearbeitungsfunktion höchstens soviel Kapazität bereitstellen kann, wie der Summe der Kapazitäten (K) aller Maschinen (M) entspricht, deren Funktionsbereich (B) die betreffende Funktion enthält. Somit gilt für die K a p a z i t ä t s o b e r g r e n z e   e i n e r   F u n k t i o n F:

$$KOG\,(F) = \sum KM\left[M{:}(F \in B)\right]$$

Die K a p a z i t ä t s o b e r g r e n z e   e i n e r   F u n k - t i o n s k o m b i n a t i o n erhält man, indem man die Kapazität derjenigen Maschinen addiert, die m i n d e s t e n s   e i n e der in der betreffenden Funktionskombination enthaltenen Einzelfunktionen ausführen kann. <u>Bild 28</u> (oben links) verdeutlicht die Berechnung: Die Kapazitätsobergrenze der Funktionsobergrenze F13 ergibt sich als Summe der Kapazität der Maschinen M1, M3, M4 und M5, da diese Maschinen entweder die Funktion F1 oder F3 enthalten.

Da Maschinen mit mehreren Bearbeitungsfunktionen diese in aller Regel nicht gleichzeitig auszuführen in der Lage sind, ist die Kapazitätsobergrenze einer Funktionskombination stets kleiner oder höchstens der Summe der Kapazitätsobergrenzen der enthaltenen Einzelfunktionen:

$$KOG\,(FIJ) = KOG\,(FI) + KOG\,(FJ) - \sum KOG\left[M{:}(FIJ \in B)\right]$$

So ist z.B. die Kapazitätsobergrenze der Funktionskombination F13 um 2 KE kleiner als die Summe der Kapazitätsobergrenze von F1 und F3 (<u>Bild 28</u> unten links), weil die universellen Maschinen M4 und

M5 nur entweder für die Funktion F1 oder F2 oder F3 herangezogen werden können.

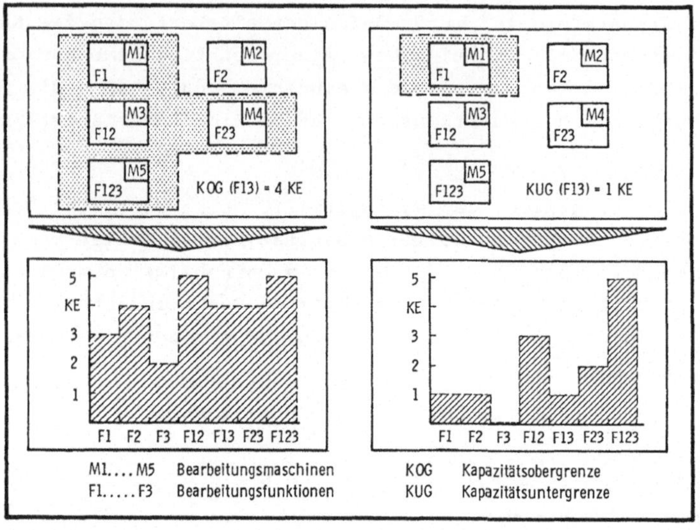

Bild 28: Ermitteln von Kapazitätsobergrenze (KOG) und
Kapazitätsuntergrenze (KUG)

Die K a p a z i t ä t s u n t e r g r e n z e   e i n e r
F u n k t i o n   erhält man als Summe der Kapazität aller Maschinen, die   a u s s c h l i e ß l i c h   die betreffende Funktion ausführen können:

$$\text{KUG (F)} = \underset{\le}{} \text{KM} \left[M : (F \equiv B) \right]$$

Das gleiche gilt für die K a p a z i t ä t s u n t e r g r e n z e
e i n e r   F u n k t i o n s k o m b i n a t i o n . Diese ist um die Summe der Kapazitäten derjenigen Maschinen, die ausschließlich die betreffende Funktionskombination enthalten, größer als die Summe der Kapazitätsuntergrenzen der umschlossenen Funktionen:

$$\text{KUG (FIJ)} = \text{KUG (FI)} + \text{KUG (FJ)} + \sum K \left[M : (FJ \equiv B) \right]$$

<u>B i l d</u> **28** (oben rechts) zeigt, daß für die Kapazitätsuntergrenze der Funktionskombination F13 ausschließlich Maschine M1 maßgeblich ist, da die übrigen Maschinen noch die Funktion F2 aufweisen, die nicht in F13 enthalten ist.

Das Kapazitätsprofil setzt sich aus Kapazitätsobergrenze und Kapazitätsuntergrenze sämtlicher Funktionen und Funktionskombinationen aller Rangstufen zusammen. Für die im Kapazitätsprofil berücksichtigten Funktionen und Funktionskombinationen ermittelt man auch das Belastungsprofil, indem man die je Funktion ausgewiesene Belastung der auf die betrachtete Periode von der betrieblichen Fertigungssteuerung terminierten Aufträge addiert.

Die Gesamtbelastung einer Funktionskombination erhält man, indem man die Gesamtbelastungen aller in der Funktionskombination enthaltenen Einzelfunktionen addiert. Der erhaltene Wert muß sich bei einem abgeglichenen Auftragsvolumen innerhalb der Flexibilitätsspanne der Funktionskombination bewegen. Ist dies nicht der Fall, treten Belastungsabweichungen auf, die man erkennt, wenn man das Kapazitäts- und das Belastungsprofil einander gegenüberstellt.

3.2.3.3 <u>Feststellen der Belastungsabweichungen</u>

Zur eindeutigen Bestimmung der Belastungsabweichungen beim funktionalen Kapazitätsabgleich wird definiert:

- Der Überlastungswert UB (Unterlastungswert UN) gibt an, welches Auftragsvolumen zur Erzielung eines vollständigen Kapazitätsabgleichs mindestens auszulagern (einzulagern) ist.
  Dabei ist unter "Auslagern" die Verlagerung von Aufträgen aus der abzugleichenden Periode heraus in andere, vor- oder nachgelagerte Perioden und unter "Einlagern" die Hereinnahme von Aufträgen aus anderen, vor- oder nachgelagerten Perioden in die abzugleichende Periode zu verstehen.

- Der Überlastungswert (Unterlastungswert) ist ein Maß für die Belastungsabweichungen bei ausschließlichem Auftreten von Überlastungen (Unterlastungen).

- Treten sowohl Überlastungen als auch Unterlastungen auf, so
  ergibt der Abweichungswert A und damit das insgesamt zu verlagernde Volumen aus der Summe von Überlastungswert und Unterlastungswert:

$$AP = UB + UN$$

- Der Überlastungswert UB bzw. der Unterlastungswert UN wird
  als die bei den Funktionen und Funktionskombinationen auftretende größte Überlastung bzw. Unterlastung ermittelt.

Im folgenden soll gezeigt werden, daß die größte auftretende Überlastung bzw. Unterlastung tatsächlich ein geeignetes Maß für die
insgesamt zu einem Abgleich notwendigen Auftragseinlagerungen bzw.
-auslagerungen ist. Die Ausführungen werden am Beispiel zweier Systemkonfigurationen, welche die unterschiedlichen Möglichkeiten der
Ersetzbarkeit repräsentieren, veranschaulicht. Die Systemkonfigurationen werden bei drei verschiedenen Belastungssituationen untersucht: Die erste Belastungssituation (a) ist durch Überlastungen,
die zweite (b) durch Unterlastungen gekennzeichnet. Bei der dritten Belastungssituation (c) treten sowohl Überlastungen als auch
Unterlastungen auf (<u>Bild 29</u>).

Bei Systemkonfiguration 1 tritt in Belastungssituation (a) die
größte Überlastung in der Funktionskombination F 12 auf. Da Maschine M3 nur einfach genutzt werden kann, ist die Kapazitätsobergrenze der Funktionskombination F 12 um 1 KE größer als die Summe
der bereits in F1 und F2 ausgewiesenen Überlastungen von 0,2 KE
bzw. 0,5 KE.

Um einen Abgleich herbeizuführen, muß F 1 um mindestens 0,2 KE,
F2 um mindestens 0,5 KE entlastet werden. Zusätzlich ist eine
Entlastung um 1 KE notwendig, die sich beliebig aus den Funktio-
nen F1 und F2 zusammensetzen kann. Es zeigt sich also, daß der in
F12 ausgewiesene größte Wert der Überbelastungen ein Maß für die
insgesamt vorzunehmenden Auslagerungen ist.

Eine entsprechende Aussage läßt sich für die Belastungssituation
(b) machen. Hier wird der Unterlastungswert UN und die damit insgesamt für einen Abgleich notwendige Nachfrageerhöhung gleichfalls
in F12, in diesem Fall jedoch lediglich als Summe der Unterlastungen in F1 und F2 angezeigt.

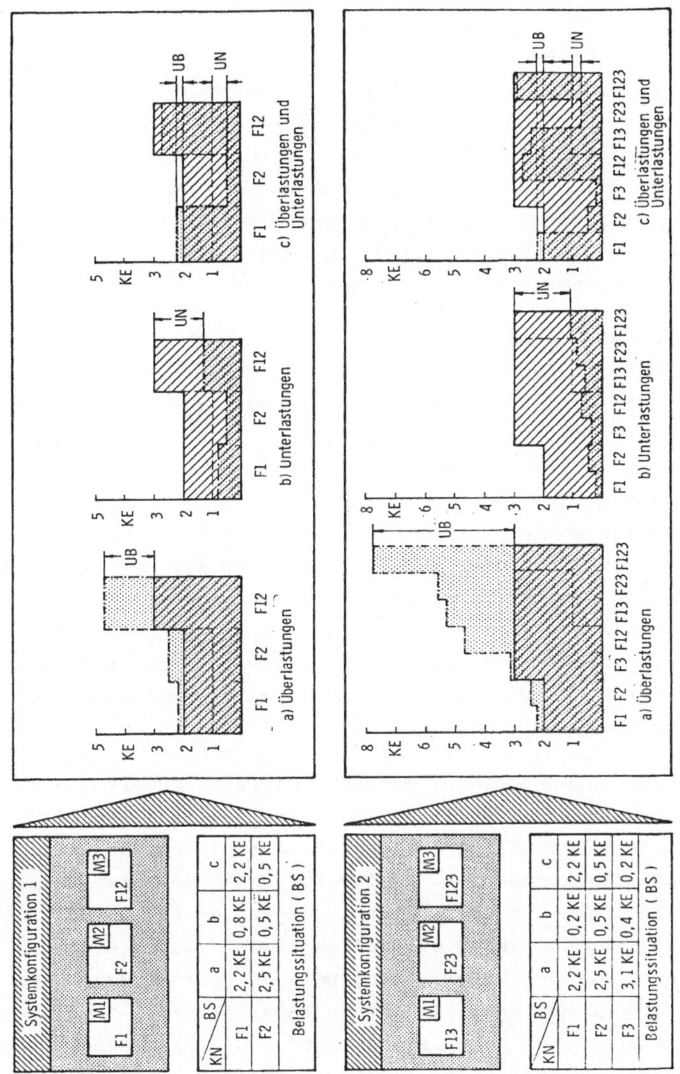

Bild 29 : Belastungsabweichungen bei unterschiedlichen Belastungs-situationen: (a) Überlastungen; (b) Unterlastungen; (c) Über- und Unterlastungen

Ein etwas anderes Bild ergibt sich bei Belastungssituation (c).
Hier "verdeckt" die in F1 auftretende Überlastung von 0,2 KE einen
Teil der in F2 vorhandenen Unterlastung von 0,5 KE, so daß F12
lediglich eine Unterlastung von 0,3 KE aufweist. Die in diesem
Fall in F1 auftretende größte Überlastung gibt den Wert der vorzunehmenden Auslagerungen und die in F2 auftretende größte Unterlastung die notwendigen Einlagerungsmaßnahmen an. Das insgesamt zu
verlagernde Auftragsvolumen hat den Wert V = UB + UN = 0,2 KE +
0,5 KE = 0,7 KE. Eine entsprechende Aussage erhielte man, wenn
sich in F12 insgesamt eine Überlastung ergibt.

Untersucht man die Verhältnisse für die Systemkonfiguration 2
(Bild 29 unten) mit den in der Tabelle angegebenen Werten, so erhält man bei den Belastungssituationen a und c ein entsprechendes
Ergebnis wie für die Systemkonfiguration 1. In Belastungssituation
b enthält die Unterlastung in F123 außer den bereits in F13 und
F23 ausgewiesenen Unterlastungen (die davon herrühren, daß weder
M1 noch M2 völlig ausgelastet werden kann) einen weiteren Anteil
von insgesamt 1,5 KE. Dieser Anteil stammt von der Mehrfachzählung
der Belastung in F3. Andererseits ist die vorgegebene Belastung
bereits durch die Kapazität von M1 und M3 voll abgedeckt. Auch in
diesem Fall ist die in F123 aufgetretene größte Unterlastung ein
Maß für die für einen vollständigen Abgleich vorzunehmenden Einlagerungsmaßnahmen.

Es sei nochmals unterstrichen, daß der Überlastungswert UB bzw.
der Unterlastungswert UN sowie der Abweichungswert A lediglich
Mindestforderungen bezüglich der Abgleichsmaßnahmen darstellen.
Selbstverständlich können z.B. Auslagerungen vorgenommen werden,
die den Überlastungswert übersteigen, sofern der Anteil, der zu-
viel verlagert wurde, wieder ausgeglichen wird (durch Einlagerungsmaßnahmen, die den Unterlastungswert UN übersteigen). Auf
diese Weise können zur Erzielung eines Kapazitätsabgleichs ver-
schiedene Kombinationen von Auslagerungen und Einlagerungen Anwendung finden, wie dies Bild 30 schematisch zeigt.

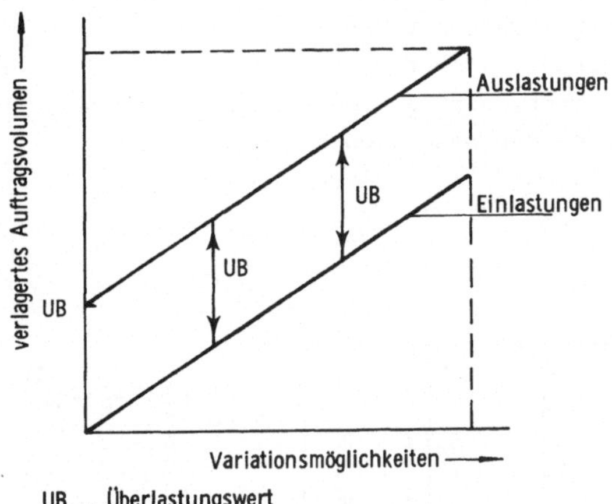

Bild 30: Möglichkeiten zum Abbau von Überlastungen

3.2.3.4 Berechnen der Abgleichskenngrößen

Als Abgleichskenngrößen werden benutzt:

- das Auftragsvolumen (V),
- der Verlagerungswert (VW),
- der Entlastungswert (WE) bzw. der Belastungswert (WB),
- der Restwert, der keinen Abbau bewirkt (KA).

Das Auftragsvolumen V entspricht der Summe aller Belastungen in den einzelnen Funktionen. Der Verlagerungswert VW gibt an, um welchen Betrag sich der Abweichungswert A durch Ein- bzw. Auslagern eines Auftrags mit dem Volumen V verändert. Der Entlastungswert WE ("wirksame Entlastung") bzw. der Belastungswert WB ("wirksame Belastung") ist dabei der Teil des Auftragsvolumens, der sich aus den Belastungen derjeniger Funktionen bzw. Funktionskombinationen zusammensetzt, in denen Über- bzw. Unterlastungen bestehen.

Das restliche Auftragsvolumen, das die Belastungen der Funktionen bzw. Funktionskombinationen enthält, in denen keine Über- bzw. Unterlastungen bestehen, trägt nicht zum Abbau des Abweichungswerts bei, sondern ruft im Gegenteil zusätzliche Unter- bzw. Überlastun-

gen hervor, falls der Auftrag verlagert wird. Dieser Anteil KA
("kein Abbau") des Auftrags muß daher vom Gesamtvolumen V abge-
zogen werden, um den Verlagerungswert eines Auftrags zu erhalten.
Bild 31 zeigt für einen auszulagernden Auftrag schematisch den
Zusammenhang zwischen den beschriebenen Größen auf.

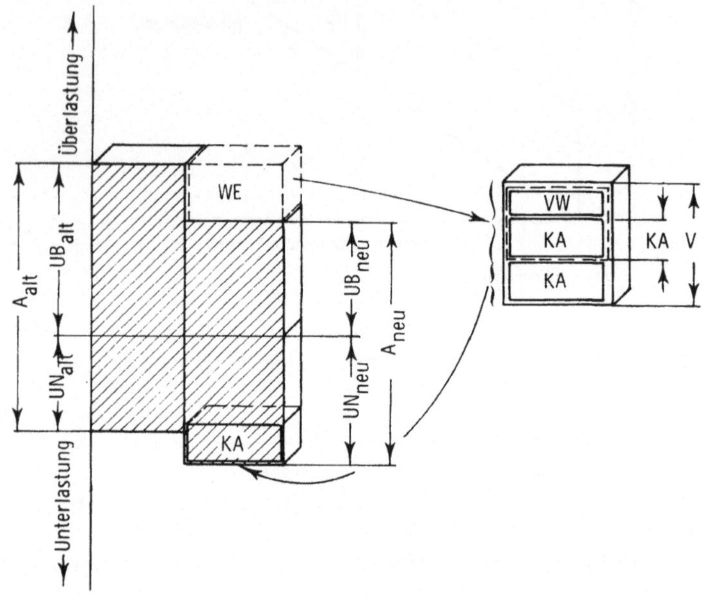

Bild 31: Beispiel für die Ermittlung des Verlagerungswerts

Allgemein gilt für das Auslasten eines Auftrags:

$$VW = WE - KA$$

$$WE = UB_{alt} - UB_{neu} = V - KA$$

$$KA = \left| UN_{alt} - UN_{neu} \right| = V - WE$$

Um den Rechenvorgang für die Ermittlung des zeitlichen Ver-
lagerungswertes zu veranschaulichen, sei nochmals auf das
in Bild 14 gezeigte Beispiel zurückgegriffen. In der nach-
stehenden Tabelle (Bild 32) sind in Spalte 4 die Belastungswerte des Auftrags 1 aufgeführt. Bei einer Verlagerung dieses

Auftrags in eine andere Periode werden die einzelnen Funktionen bzw. Funktionskombinationen um die angegebenen Belastungswerte entlastet.

				vorher			nachher		
	KOG	KUG	KN von ANR. 1	$KN_{ges.}$	UBER	UNTER	$KN_{ges.}$	UBER	UNTER
F1	3	1	0,10	0,80	-	0,20	0,70	-	0,30
F2	4	1	0,50	1,90	-	-	1,40	-	-
F3	2	0	0,06	3,00	1,00	-	2,94	0,94	-
F12	5	3	0,60	2,70	-	0,30	2,10	-	0,90
F13	4	1	0,16	3,80	-	-	3,64	-	-
F23	4	2	0,56	4,90	0,90	-	4,34	0,34	-
F123	5	5	0,66	5,70	0,70	-	5,04	0,04	-

KOG... Kapazitätsobergrenze   ANR... Auftragsnummer
KUG... Kapazitätsuntergrenze   UBER... Überlastung
KN... Kapazitätsnachfrage   UNTER... Unterlastung

Kenngrößen:
Wirksame Entlastung $WE = UB_{alt} - UB_{neu} = 1,00 - 0,94 = 0,06$
Kein Abbau $KA = |UN_{alt} - UN_{neu}| = 0,30 - 0,90 = 0,60$
Verlagerungswert $VW = WE - KA = 0,06 - 0,60 = -0,54$

<u>Bild 32</u>: Zahlenbeispiel zur Berechnung des Verlagerungswertes VW von Auftrag 1

Spalte 5 gibt die nach Verlagerung des im Auftrag verbleibenden Überlastungen der Funktionen bzw. Funktionskombinationen an. Der höchste dieser Werte ist der neue Überlastungswert UB_{neu} des Systems. Dies ist im Beispielfall der Tabelle $UB_{neu} = 0,94$ KE.

Damit wird durch die Verlagerung des Auftrags 1 eine wirksame Entlastung WE = 1,0 KE - 0,94 KE = 0,06 KE bewirkt. Vom Auftragsvolumen von insgesamt 0,66 KE verbleibt ein Rest von KA = 0,66 KE - 0,06 KE = 0,60 KE. Eine Auslagerung des Auftrags verschlechtert die Belastungssituation also wesentlich (VW = 0,06 KE - 0,60 KE = - 0,54 KE). Entsprechend wird für die einzulagernden Aufträge der Verlagerungswert bestimmt. Es gilt:

$$VW = WB - KA$$

$$WB = UN_{alt} - UN_{neu} = V - KA$$

$$KA = \left| UB_{alt} - UB_{neu} \right| = V - WB$$

3.2.3.5 Bestimmen von Reihenfolge und Richtung des Abgleichs

Die funktionale Kapazitätszuordnung erlaubt es, einen Kapazitätsabgleich schon nach wenigen Rechenschritten herbeizuführen. Dadurch
ist es möglich, eine vergleichsweise einfache Rechenvorschrift, be-
ruhend auf dem Prinzip des linearen Abgleichs, für das Bestimmen
der Abgleichsreihenfolge und der Abgleichsrichtung vorzusehen.
Hierbei werden nacheinander die Perioden 1, 2...n abgeglichen. Überwiegen in der betrachteten Periode die Überlastungen, wird ein Auftrag aus dieser Periode ausgelagert, andernfalls erfolgt ein Einlagern.

Ob die Überlastungen oder die Unterlastungen überwiegen, erkennt
man an der höchstrangigen Funktionskombination. Diese schließt
sämtliche im System durchzuführenden Bearbeitungsfunktionen ein
und entspricht dem Leistungsvermögen sämtlicher vorhandener Maschinen. In der höchstrangigen Funktionskombination haben Kapazitätsobergrenze und Kapazitätsuntergrenze denselben Wert.

Es läßt sich zeigen, daß bei überwiegend überlastetem System in
der höchstrangigen Funktionskombination eine Überlastung, bei
überwiegend unterlastetem System eine Unterlastung ausgewiesen
wird.

Es kann allerdings auch bei unausgeglichenem System vorkommen, daß
die höchstrangige Funktionskombination weder eine Überlastung noch
eine Unterlastung aufweist. Dies ist der Fall, wenn die in den nie-
derrangigen Funktionskombinationen auftretenden Überlastungen bzw.
Unterlastungen einander gerade gleich groß sind. Dann wird mit
Einlagerungsmaßnahmen begonnen.

Wie auch beim oben beschriebenen Verfahren mit maschinenorientierter Kapazitätszuordnung wird jeweils der Auftrag mit dem momentan
günstigsten Verlagerungswert verlagert. Danach wird die Belastungssituation des Systems neu überprüft und in gleichen Schritten solange fortgefahren, bis der gewünschte Abgleichseffekt eingetreten

ist. Diese Vorgehensweise erscheint auch hier zweckmäßig und hat
den Vorteil der immer feiner werdenden Anpassung der Abgleichsmaßnahmen an die restlichen Belastungsabweichungen, wie <u>Bild 33</u> schematisch zeigt.

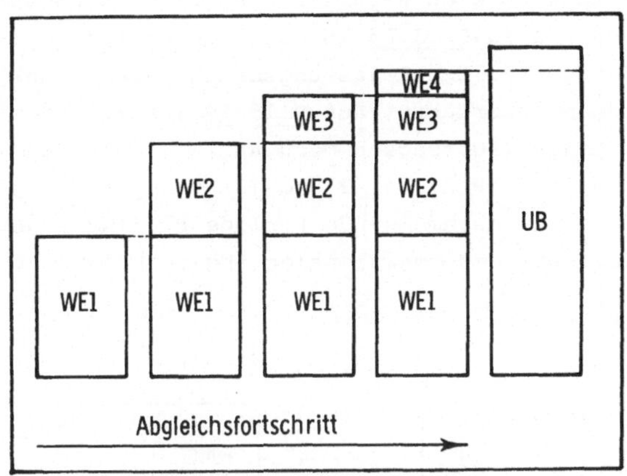

<u>Bild 33</u> : Verfeinerung der Abgleichsmaßnahmen bei zunehmendem
Abgleichsfortschritt

3.2.3.6 <u>Beenden des Abgleichs</u>

Das Verfahren sieht zwei Toleranzkriterien vor, nämlich den Abweichungswert A und den Überlastungswert UB (beide bezogen auf die
Periode). Kann der zulässige Abweichungswert nicht eingehalten werden, so ist auf jeden Fall der Überlastungswert unter die vorgegebene Grenze zu bringen.

3.2.3.7 Rechenbeispiel

Anhand des gleichen Beispiels, das schon im Abschnitt **3.2.2.7** zur Veranschaulichung des auf der maschinenorientierten Kapazitätszuordnung aufbauenden Verfahrens diente, soll nachstehend auch der Ablauf des funktionalen Kapazitätsabgleichs verdeutlicht werden. Dazu wurden die in **Bild 25** in maschinenorientierter Kapazitätszuordnung dargestellten Belastungsdaten in die funktionale Kapazitätszuordnung überführt. Aus **Bild 34** ist außerdem zu ersehen, welche Aufträge (Auftragsnummern ANR 2, 7, 12 und 14) in welcher Reihenfolge (ANR 7, 14, 2 und 12) von der abzugleichenden Periode P1 in die nachfolgende Periode P2 (ANR 2 und 7) bzw. umgekehrt im Verlaufe des funktionalen Abgleichs aus- bzw. eingelagert werden.

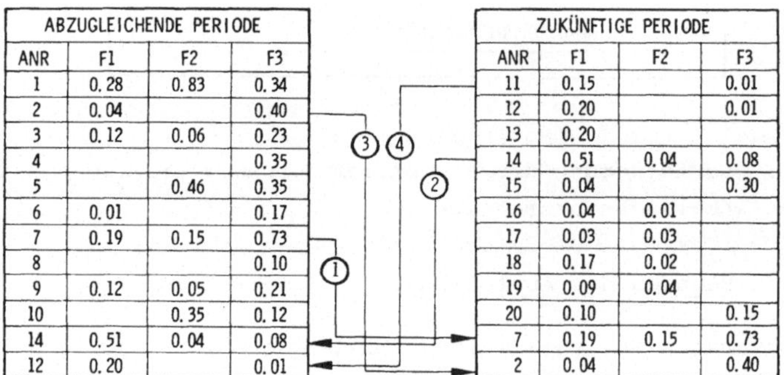

ABZUGLEICHENDE PERIODE			
ANR	F1	F2	F3
1	0.28	0.83	0.34
2	0.04		0.40
3	0.12	0.06	0.23
4			0.35
5		0.46	0.35
6	0.01		0.17
7	0.19	0.15	0.73
8			0.10
9	0.12	0.05	0.21
10		0.35	0.12
14	0.51	0.04	0.08
12	0.20		0.01

ZUKÜNFTIGE PERIODE			
ANR	F1	F2	F3
11	0.15		0.01
12	0.20		0.01
13	0.20		
14	0.51	0.04	0.08
15	0.04		0.30
16	0.04	0.01	
17	0.03	0.03	
18	0.17	0.02	
19	0.09	0.04	
20	0.10		0.15
7	0.19	0.15	0.73
2	0.04		0.40

Bild 34: Auftragsdaten des Rechenbeispiels (1...4: Reihenfolge der Abgleichschritte)

Es zeigt sich, daß lediglich vier Aufträge verlagert werden müssen, um die vorgegebene Abgleichsgrenze (A = 0,01 KE) zu erreichen. Für das gleiche Beispiel benötigt man, wie aus Abschnitt 3.2.2.7 hervorgeht, bei maschinenorientiertem Kapazitätsabgleich 30 Abgleichschritte, darunter 17 Auftragsverlagerungen (zeitlicher Abgleich). Damit wird deutlich, wie vorteilhaft sich das Prinzip der funktionalen Kapazitätszuordnung auf die Anzahl der Auftragsverlagerungen auswirkt.

Die Bilder 35...37 erläutern den Ablauf des funktionalen Kapazitätsabgleichs für das vorliegende Beispiel: Aus Bild 35 ist die Belastungssituation für das Beispielsystem vor und nach den einzelnen Abgleichsschritten ersichtlich, Bild 36 zeigt das Ergebnis der jeweiligen Auftragsbewertung. In Ergänzung hierzu ist schließlich in Bild 37 der Verlauf des Abgleichswerts A graphisch dargestellt.

Der Abgleich beginnt mit einer Auslagerung, da in der Ausgangssituation die Überlastungen überwiegen (UB = 1,00 KE UN = 0,34 KE; siehe Bild 35 oben). Für die Verlagerung ausgewählt wird Auftrag 7, dessen Belastungsgrößen somit von der ursprünglichen Kapazitätsnachfrage zu subtrahieren sind (siehe Bild 35 "1. Abgleichschritt"). Die neuen Über- bzw. Unterlastungen erhält man, indem man für jede Bearbeitungsfunktion bzw. Funktionskombination die erhaltene neue Kapazitätsnachfrage von der Kapazitätsobergrenze bzw. der Kapazitätsuntergrenze abzieht. So ergibt sich z.B. der neue Überlastungswert UB = 0,27 KE in der Funktion F3, da die Kapazitätsnachfrage die Kapazitätsobergrenze am deutlichsten überschreitet:

$$UB = UB\,(F3) > UB\,(F23)$$
$$= [\,KOG\,(F3) - KN\,(F3)\,]$$
$$= [\,2,00\ KE - 2,27\ KE\,]$$
$$= 0,27\ KE$$

Der neue Unterlastungswert entsteht in der Funktionskombination F12, in der die Kapazitätsnachfrage die Kapazitätsuntergrenze am stärksten unterschreitet:

$$UN = UN\,(F12) > UN\,(F1) > UN\,(F123)$$
$$= [\,KUG\,(F12) - KN\,(F12)\,]$$
$$= [\,3,00\ KE - 2,32\ KE\,]$$
$$= 0,68\ KE$$

Da nach dem 1. Abgleichsschritt jetzt die Unterlastung überwiegt (UN UB), schließt sich im 2. Abgleichsschritt eine Einlagerung an. Es folgen abermals ein Auslagern (UB = 0,35 UN = 0,13) und ein Einlagern (UB = 0 UN = 0,22). Damit ist die Abgleichsgrenze erreicht (siehe Bild 35 unten):

$$A = UB + UN$$
$$= 0\ + 0,01$$

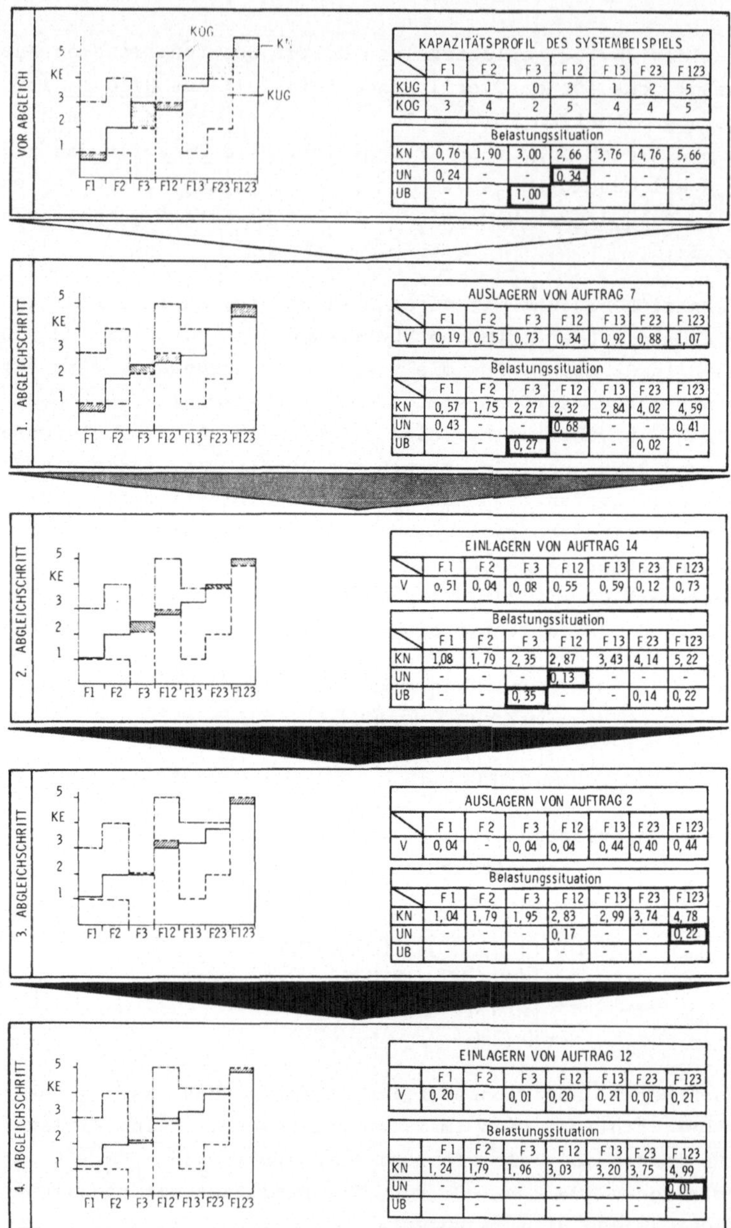

KAPAZITÄTSPROFIL DES SYSTEMBEISPIELS

	F1	F2	F3	F12	F13	F23	F123
KUG	1	1	0	3	1	2	5
KOG	3	4	2	5	4	4	5

Belastungssituation

	F1	F2	F3	F12	F13	F23	F123
KN	0,76	1,90	3,00	2,66	3,76	4,76	5,66
UN	0,24	-	-	0,34	-	-	-
UB	-	-	1,00	-	-	-	-

AUSLAGERN VON AUFTRAG 7

	F1	F2	F3	F12	F13	F23	F123
V	0,19	0,15	0,73	0,34	0,92	0,88	1,07

Belastungssituation

	F1	F2	F3	F12	F13	F23	F123
KN	0,57	1,75	2,27	2,32	2,84	4,02	4,59
UN	0,43	-	-	0,68	-	-	0,41
UB	-	-	0,27	-	-	0,02	-

EINLAGERN VON AUFTRAG 14

	F1	F2	F3	F12	F13	F23	F123
V	0,51	0,04	0,08	0,55	0,59	0,12	0,73

Belastungssituation

	F1	F2	F3	F12	F13	F23	F123
KN	1,08	1,79	2,35	2,87	3,43	4,14	5,22
UN	-	-	-	0,13	-	-	-
UB	-	-	0,35	-	-	0,14	0,22

AUSLAGERN VON AUFTRAG 2

	F1	F2	F3	F12	F13	F23	F123
V	0,04	-	0,04	0,04	0,44	0,40	0,44

Belastungssituation

	F1	F2	F3	F12	F13	F23	F123
KN	1,04	1,79	1,95	2,83	2,99	3,74	4,78
UN	-	-	-	0,17	-	-	0,22
UB	-	-	-	-	-	-	-

EINLAGERN VON AUFTRAG 12

	F1	F2	F3	F12	F13	F23	F123
V	0,20	-	0,01	0,20	0,21	0,01	0,21

Belastungssituation

	F1	F2	F3	F12	F13	F23	F123
KN	1,24	1,79	1,96	3,03	3,20	3,75	4,99
UN	-	-	-	-	-	-	0,01
UB	-	-	-	-	-	-	-

Bild 35 : Belastungssituation vor und nach dem Abgleich

Aus <u>Bild 36</u> ist zu entnehmen, wie die Auswahl des zu verlagernden Auftrags (schraffierte Zeile) erfolgt. Da zunächst die Überlastungen überwiegen, werden im ersten Abgleichschritt die Aufträge der abzugleichen Periode betrachtet. Die Entscheidung fällt
zugunsten von Auftrag 7, der den höchsten Verlagerungswert aufweist.

Zur Berechnung des Verlagerungswerts sind nach Abschnitt 3.2.3.4
die Größen V, WE und KA zu bestimmen. Das Auftragsvolumen V ergibt sich als Summe der Belastungen in den Einzelfunktionen, die
<u>Bild 34</u> und <u>Bild 35</u> zu entnehmen sind:

$$V = KN\,(F1) + KN\,(F2) + KN\,(F3)$$
$$= 0,19\ KE + 0,15\ KE + 0,73\ KE$$
$$= 1,07\ KE$$

Die wirksame Entlastung WE erhält man als Differenz zwischen dem
Überlastungswert vor und nach der Verlagerung:

$$WE = UB_{alt} - UB_{neu}$$
$$= 1,00\ KE - 0,27\ KE$$
$$= 0,73\ KE$$

Der Anteil des Auftragsvolumens KA, der nicht zum Abbau der Überlastung beiträgt, ist für diesen Fall

$$KA = V - WE$$
$$= 1,07\ KE - 0,73\ KE$$
$$= 0,34\ KE$$

Damit berechnet sich der Verlagerungswert zu

$$VW = WE - KA$$
$$= 0,73\ KE - 0,34\ KE$$
$$= 0,39\ KE$$

Auf gleiche Weise werden in den folgenden Abgleichsschritten die
Aufträge ANR 14, 2 und 12 ausgewählt, wobei im 2. und 4. Schritt
die nachfolgende Periode P2, im 3. Schritt die abzugleichende Periode P1 analysiert wird. Das Abgleichsdiagramm in <u>Bild 37</u> zeigt
die Auswirkungen und den Erfolg der Abgleichsmaßnahmen: Der Abgleichswert, der sich aus dem Über- und dem Unterlastungswert
zusammensetzt und der vor dem Abgleich nach $A_0 = 1,34\ KE$ betrug,

AUFTRAGSBEWERTUNG 1. ABGLEICHSCHRITT

ANR		F1	F2	F3	F12	F13	F23	F123	V	WE	KA	VW
1	KN	0.48	1.07	2.66	1.55	3.14	3.73	4.21	1.45	0.34	1.11	-0.77
	UN	0.52			1.45			0.79				
	UB			0.66								
2	KN	0.72	1.90	2.60	2.62	3.32	4.50	5.22	0.44	0.40	0.04	0.36
	UN	0.28			0.38							
	UB			0.60			0.50	0.22				
3	KN	0.64	1.84	2.77	2.48	3.41	4.61	5.25	0.41	0.23	0.18	0.05
	UN	0.36			0.52							
	UB			0.77			0.61	0.25				
4	KN	0.76	1.90	2.65	2.66	3.41	4.55	5.31	0.35	0.35		0.35
	UN	0.24			0.34							
	UB			0.65			0.55	0.31				
5	KN	0.76	1.44	2.65	2.20	3.41	4.09	4.85	0.81	0.35	0.46	-0.11
	UN	0.24			0.80			0.15				
	UB			0.65		0.09						
6	KN	0.75	1.90	2.83	2.65	2.58	4.73	5.48	0.18	0.17	0.01	0.16
	UN	0.25			0.35							
	UB			0.83			0.73	0.48				
7	KN	0.57	1.75	2.27	2.32	2.84	4.02	4.99	1.07	0.73	0.34	0.39
	UN	0.43			0.68			0.41				
	UB			0.27			0.02					
8	KN	0.76	1.90	2.90	2.66	3.66	4.80	5.46	0.10	0.10		0.10
	UN	0.24			0.34							
	UB			0.90			0.80	0.46				
9	KN	0.64	1.85	2.79	2.49	3.43	4.64	5.28	0.38	0.21	0.17	0.04
	UN	0.36			0.51							
	UB			0.79			0.64	0.28				
10	KN	0.76	1.55	2.88	2.31	3.64	4.43	5.19	0.47	0.12	0.35	-0.23
	UN	0.24			0.69							
	UB			0.88			0.43	0.19				

AUFTRAGSBEWERTUNG 2. ABGLEICHSCHRITT

ANR		F1	F2	F3	F12	F13	F23	F123	V	WB	KA	VW
7	KN	0.76	1.90	3.00	2.66	3.76	4.90	5.66	1.07	0.34	0.73	-0.39
	UN	0.24			0.34							
	UB			1.00			0.90	0.66				
11	KN	0.72	1.75	2.28	2.47	3.00	4.03	4.75	0.16	0.15	0.01	0.14
	UN	0.28			0.53			0.25				
	UB			0.28			0.03					
12	KN	0.77	1.75	2.28	2.52	3.05	4.03	4.80	0.21	0.20	0.01	0.19
	UN	0.23			0.48			0.20				
	UB			0.28			0.03					
13	KN	0.77	1.75	2.27	2.52	3.04	4.02	4.79	0.20	0.20		0.20
	UN	0.23			0.48			0.79				
	UB			0.27			0.02					
14	KN	1.08	1.79	2.35	2.87	3.43	4.17	5.22	0.63	0.55	0.08	0.47
	UN				0.13							
	UB			0.35			0.14	0.22				
15	KN	0.61	1.75	2.57	2.36	3.18	4.32	4.95	0.34	0.04	0.30	-0.26
	UN	0.39			0.64			0.07				
	UB			0.57			0.32					
16	KN	0.61	1.76	2.27	2.37	2.88	4.03	4.64	0.05	0.05		0.05
	UN	0.39			0.63			0.36				
	UB			0.27			0.03					
17	KN	0.60	1.78	2.27	2.38	2.87	4.05	4.55	0.06	0.06		0.06
	UN	0.40			0.62			0.45				
	UB			0.27			0.05					
18	KN	0.74	1.77	2.27	2.51	3.01	4.04	4.78	0.19	0.19		0.19
	UN	0.26			0.49			0.22				
	UB			0.27			0.06					
19	KN	0.66	1.79	2.27	2.45	2.93	4.06	4.72	0.13	0.13		0.13
	UN	0.34			0.55			0.28				
	UB			0.27			0.06					
20	KN	0.67	1.75	2.42	2.42	3.09	4.17	4.84	0.25	0.10	0.15	-0.05
	UN	0.33			0.58			0.16				
	UB			0.42			0.17					

AUFTRAGSBEWERTUNG 3. ABGLEICHSCHRITT

ANR		F1	F2	F3	F12	F13	F23	F123	V	WE	KA	VW
1	KN	0.80	0.96	2.01	1.76	2.81	2.97	3.77	1.45	0.34	1.11	-0.77
	UN	0.20	0.04		1.24			1.23				
	UB			0.01								
2	KN	1.08	1.79	1.95	2.63	2.99	3.74	4.78	0.44	0.35	0.09	0.20
	UN				0.17			0.22				
	UB											
3	KN	0.96	1.73	2.12	2.69	3.08	3.85	4.81	0.41	0.23	0.18	0.05
	UN	0.04			0.31			0.19				
	UB			0.12								
4	KN	1.08	1.79	2.00	2.87	3.08	3.79	4.87	0.35	0.35		0.35
	UN				0.13			0.13				
	UB											
5	KN	1.08	1.33	2.00	2.41	3.08	3.33	4.41	0.81	0.35	0.46	-0.11
	UN				0.59			0.59				
	UB											
6	KN	1.07	1.79	2.18	2.86	3.25	3.87	5.04	0.18	0.35	0.46	-0.11
	UN				0.14							
	UB			0.18				0.04				
8	KN	1.08	1.79	2.25	2.87	3.33	4.04	5.12	0.10	0.10		0.10
	UN				0.13							
	UB			0.25			0.04	0.12				
9	KN	0.96	1.74	2.14	2.70	3.10	3.88	4.84	0.38	0.21	0.17	0.04
	UN	0.04			0.30			0.16				
	UB			0.14								
10	KN	1.08	1.44	2.23	2.52	3.31	3.67	4.75	0.47	0.12	0.35	-0.23
	UN				0.48			0.25				
	UB			0.23								
14	KN	0.57	1.75	2.27	2.32	2.84	4.02	4.59	0.63	0.08	0.55	-0.47
	UN	0.43			0.68			0.41				
	UB			0.27			0.02					

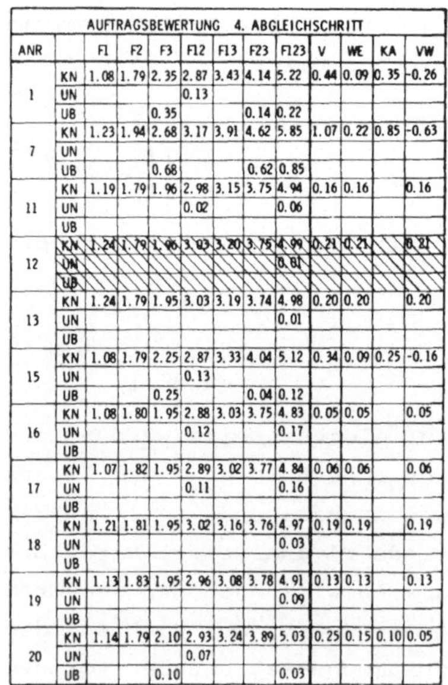

AUFTRAGSBEWERTUNG 4. ABGLEICHSCHRITT

ANR		F1	F2	F3	F12	F13	F23	F123	V	WE	KA	VW
1	KN	1.08	1.79	2.35	2.87	3.43	4.14	5.22	0.44	0.09	0.35	-0.26
	UN				0.13							
	UB			0.35			0.14	0.22				
7	KN	1.23	1.94	2.68	3.17	3.91	4.62	5.85	1.07	0.22	0.85	-0.63
	UN											
	UB			0.68			0.62	0.85				
11	KN	1.19	1.79	1.96	2.98	3.15	3.75	4.94	0.16	0.16		0.16
	UN				0.02			0.06				
	UB											
12	KN	1.24	1.79	1.96	3.03	3.20	3.75	4.99	0.21	0.21		0.21
	UN							0.01				
	UB											
13	KN	1.24	1.79	1.95	3.03	3.19	3.74	4.98	0.20	0.20		0.20
	UN							0.01				
	UB											
15	KN	1.08	1.79	2.25	2.87	3.33	4.04	5.12	0.34	0.09	0.25	-0.16
	UN				0.13							
	UB			0.25			0.04	0.12				
16	KN	1.08	1.80	1.95	2.88	3.03	3.75	4.83	0.05	0.05		0.05
	UN				0.12			0.17				
	UB											
17	KN	1.07	1.82	1.95	2.89	3.02	3.77	4.84	0.06	0.06		0.06
	UN				0.11			0.16				
	UB											
18	KN	1.21	1.81	1.95	3.02	3.16	3.76	4.97	0.19	0.19		0.19
	UN							0.03				
	UB											
19	KN	1.13	1.83	1.95	2.96	3.08	3.78	4.91	0.13	0.13		0.13
	UN							0.09				
	UB											
20	KN	1.14	1.79	2.10	2.93	3.24	3.89	5.03	0.25	0.15	0.10	0.05
	UN				0.07							
	UB			0.10				0.03				

Bild 36: Ergebnisse der Auftragsbewertung im Rechenbeispi

verringert sich über A_1 = 0,95 KE, A_2 = 0,48 KE und A_3 = 0,22 KE bis auf A_4 = 0,01 KE, womit der Abgleichsvorgang abgebrochen wird.

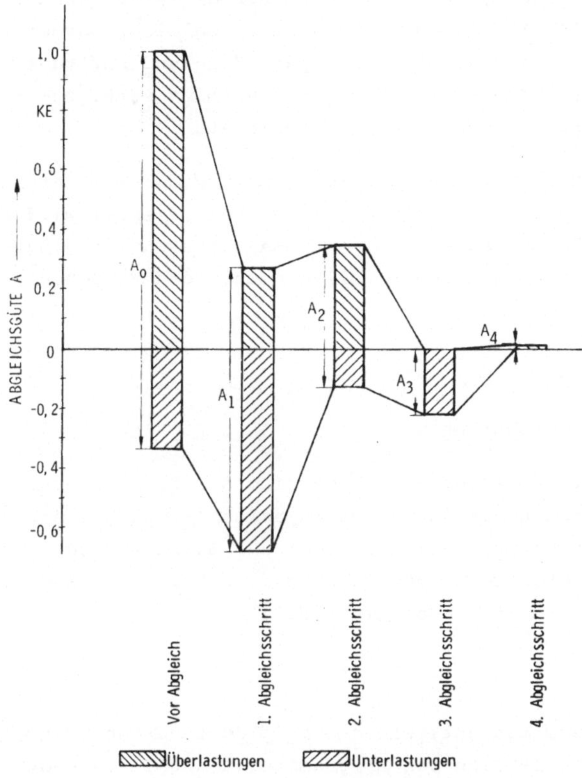

Bild 37: Verlauf der Abgleichskenngrößen im Rechenbeispiel

　PROGRAMME FÜR DEN KAPAZITÄTSABGLEICH BEI
　FLEXIBLEN FERTIGUNGSSYSTEMEN

Um die geschilderten Verfahren für den Kapazitätsabgleich überprüfen zu können, wurden Rechnerprogramme in FORTRAN IV geschrieben. Die entwickelten Programme MAKAP (MAschinenorientierter KAPazitätsabgleich) und FUNKAP (FUNktionaler KAPazitätsabgleich) wurden in zahlreichen Rechnerläufen anhand von Kapazitäts- und Auftragsspektren der aus der Literatur bekannten flexiblen Fertigungssysteme getestet und einander gegenübergestellt.

Im folgenden sind die entwickelten Programme und die mit ihrer Hilfe durchgeführten Untersuchungen beschrieben. Hierbei wird auf die einzelnen Bausteine des Programms FUNKAP etwas näher eingegangen, da das Programm auf einer völlig neuartigen Vorgehensweise beruht.

4.1   Programm MAKAP

4.1.1 Funktion und Grobstruktur

Funktion und Grobstruktur des Programms sind aus Bild 38 ersichtlich. Eingegeben werden die Daten des Kapazitäts- und des Auftragsspektrums. Ein Vorprogramm übernimmt die Zuordnung der Aufträge bzw. Arbeitsvorgänge zu den Maschinen, während der Kapazitätsabgleich selbst im Hauptprogramm erfolgt.

4.1.2 Vorprogramm

Das MAKAP-Vorprogramm besteht, wie aus Bild 38 zu ersehen ist, aus drei Bausteinen; nämlich den Programmteilen AUFTRA, ARBGA und MASCHI, die nacheinander durchlaufen werden.

Im Programmteil AUFTRA wird die Reihenfolge festgelegt, in der die Aufträge zugeteilt werden. Welcher Auftrag ausgewählt wird, hängt vom Auftragsvolumen ab. Zugeteilt wird der Auftrag, der das größte Auftragsvolumen aufweist.

Daran anschließend ermittelt der Programmteil ARBGA, welcher Arbeitsvorgang des gewählten Auftrags als nächstes zuzuordnen ist.

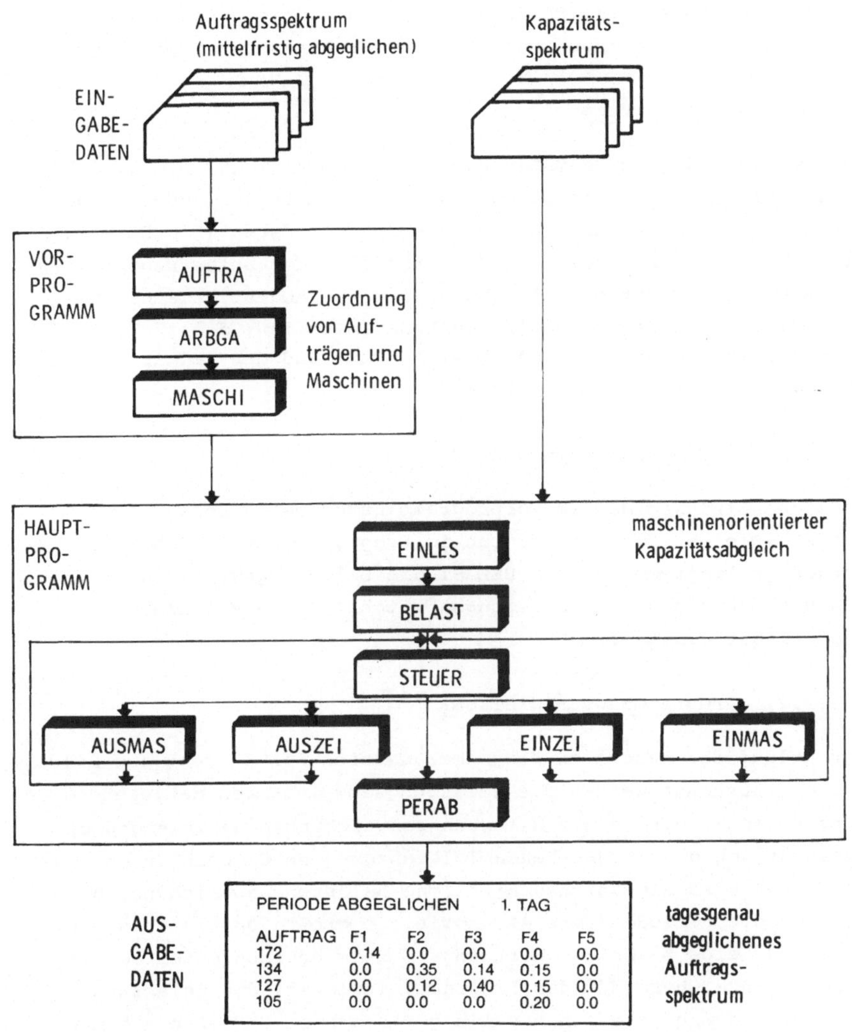

Bild 38: Funktion und Grobstruktur des Programms MAKAP

Auswahlkriterium ist gleichfalls das Volumen bzw. die von den
Arbeitsvorgängen ausgehende Kapazitätsbelastung.

Die eigentliche Zuordnung der Arbeitsgänge zu den Maschinen übernimmt der Programmteil MASCHI. Damit liegen die vollständigen
Belastungsdaten in maschinenorientierter Kapazitätszuordnung vor.

4.1.3   Hauptprogramm

Das modular aufgebaute MAKAP-Hauptprogramm besteht, wie gleich-
falls aus Bild 38 ersichtlich, aus acht Bausteinen, nämlich den
Programmteilen für die Ein- und Ausgabe der Daten (EINLES bzw.
PERAB), dem Programmteil für das Erstellen des Belastungsprofils
(BELAST), dem Programmteil STEUER, der die Abgleichsmaßnahmen
steuert und überwacht, sowie den Programmteilen, die für den
technischen Abgleich (EINMAS bzw. AUSMAS) und den zeitlichen
Abgleich (EINZEI bzw. AUSZEI) sorgen.

4.1.3.1   Programmbaustein BELAST

Nach dem Einlesen der im Vorprogramm berechneten Belastungsdaten sowie der Kapazitätsdaten im Programmbaustein EINLES
werden im Programmbaustein BELAST die Belastungswerte je
Maschine und dazu die Belastungsabweichungen je Maschine
und Periode ermittelt.

4.1.3.2.   Programmbaustein STEUER

Der Ablauf des zentralen Programmbausteins STEUER geht aus Bild 39
hervor: Zunächst werden die Belastungsabweichungen dahingehend un-
vor: Zunächst werden die Belastungsabweichungen dahingehend untersucht, ob die vorgegebenen Toleranzgrenzen überschritten sind.
Abgefragt wird die durchschnittliche Belastungsabweichung, bezogen auf die Periode (Wert A), sowie die größte Überlastung, bezogen auf eine Maschine (Wert AM). Beim Überschreiten der Toleranzgrenze überprüft das Programm, inwieweit die Belastungssituation durch t e c h n o l o g i s c h e   M a ß n a h m e n
verbessert werden kann. Die hierzu durchlaufenden Schritte sind
im linken Teil von Bild 39 dargestellt.

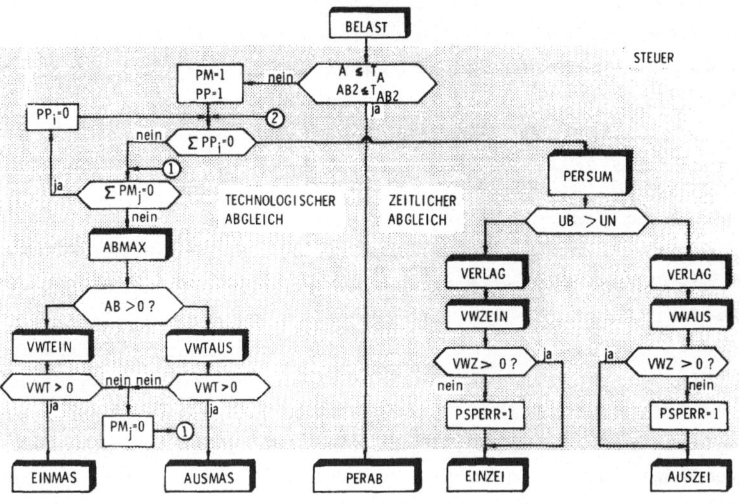

Bild 39: Ablauf des Bausteines STEUER

Im Programmteil ABMAX wird die Maschine mit der größten Belastungsabweichung festgestellt. Ist diese Maschine überlastet,
sucht das Programm unter den der Maschine zugeordneten Arbeits-
gängen denjenigen heraus, durch dessen Verlagerung die Belastungssituation am stärksten verbessert wird (Programmteil VWTEIN).

Die Verlagerung des Arbeitsvorgangs auf eine Ausweichmaschine
erfolgt im Programmbaustein EINMAS. Falls der Maschine kein Arbeitsvorgang zugeordnet ist, durch den sich die Belastungssituation verbessern läßt, so wird die Maschine dadurch gekennzeichnet, daß der Parameter PM (I) den Wert 1 annimmt. Beim erneu-
ten Durchlaufen des Programmabschnitts (siehe Konnektor 1) wird
dann diese Maschine nicht mehr berücksichtigt. Entsprechend
wird vorgegangen, wenn eine Unterlastung vorliegt (Programmteil
AUSMAS).

Sind im Verlauf des Abgleichs sämtliche Maschinen einer Periode
durch den Parameter PM gekennzeichnet, ist also in der Periode
durch technolgische Abgleichsmaßnahmen keine Verbesserung der
Belastungssituation mehr zu erreichen, wird die Periode eben-

falls gekennzeichnet, und zwar durch den Wert 1 des Parameters
PP (J). Sind schließlich alle Perioden gekennzeichnet, bedeutet
dies, daß die technologischen Abgleichsmöglichkeiten erschöpft
sind. Dann werden die zeitlichen Abgleichsmöglichkeiten untersucht. Der hierbei eingehaltene Ablauf ist im rechten Teil von
<u>Bild 39</u> dargestellt.

Die Steuerung der zeitlichen Abgleichsmaßnahmen beginnt mit dem
Ermitteln der Periode, in der die größte Summenüberlastung (Programmteil UBSUM) bzw. die größte Summenunterlastung (UNSUM) auf-
tritt. Je nachdem, ob die Summenüberlastung oder die Summenunterlastung größer ist, werden Ein- oder Auslastungsmaßnahmen
überprüft. Dabei wird zunächst die Verlagerungsrichtung (Richtung Zukunft oder Richtung Vergangenheit?) festgestellt, bevor
der Auftrag mit dem größten Verlagerungswert ermittelt wird. Ist
der Verlagerungswert negativ, so wird der Auftrag über einen weiteren Parameter (PSPERR = 1) gekennzeichnet. Im Programmteil
EINZEI bzw. AUSZEI werden die mit dem Sperrparameter markierten
Aufträge bei den zwei folgenden Durchläufen übergangen. Dadurch
ist gewährleistet, daß Aufträge, die mit negativem Verlagerungswert verschoben wurden, nicht sofort wieder zurückverlagert werden.

4.1.3.3 <u>Programmbaustein AUSMAS bzw. EINMAS</u>

Wie schon erwähnt, erfolgt in den Programmbausteinen AUSMAS
und EINMAS der eigentliche technologische Abgleich. Im einzelnen
führen die beiden Programmbausteine, die sich nur durch das
Vorzeichen der Abgleichsmaßnahme unterscheiden (Entlasten oder
Belasten der abzugleichenden Maschine?), folgende Schritte aus:

- Neuzuordnen der im Programmbaustein STEUER bestimmten Arbeits-
  vorgänge und Maschinen,
- Be- und Entlasten der Maschinen,
- Korrigieren der Belastungsabweichungen (AM und AP)
Anschließend erfolgt der Rücksprung in den Programmbaustein
STEUER.

4.1.3.4 Programmbaustein AUSZEI bzw. EINZEI

Diese beiden Programmbausteine, die sich gleichfalls nur durch
das Vorzeichen unterscheiden (Ent- oder Belasten der abzu -
gleichenden Periode?), führen nachstehende Schritte durch:

- Neuzuordnen des im Programmbaustein STEUER ausgewählten Auftrags
  zur betreffenden Periode,
- Be- und Entlasten sämtlicher von diesem Auftrag angesprochener
  Maschinen,
- Korrigieren der Belastungsabweichungen (AM und AP),
- Rücksprung in den Programmbaustein STEUER.

4.2   Programm FUNKAP

4.2.1   Funktion und Grobstruktur

Einen groben Überblick über die Funktion und die Struktur des Rechenprogramms FUNKAP gibt Bild 40. Das FUNKAP-Vorprogramm dient zur einmaligen Anpassung der Maschinendaten an das Hauptprogramm. An Maschinendaten werden eingegeben die je Maschine durchführbaren Funktionen sowie die je Funktion bereitgestellte Kapazität, bezogen auf eine Kapazitätseinheit. Daraus ermittelt das FUNKAP-Vorprogramm das Kapazitätsprofil des Systems, das vom FUNKAP-Hauptprogramm eingelesen wird. Das FUNKAP-Hauptprogramm liest außerdem die Auftragsdaten ein, aus denen ein abgeglichenes Auftragsspektrum erstellt wird.

4.2.2   Vorprogramm

Das Vorprogramm erfüllt im einzelnen folgende Aufgaben:

- Ermitteln der Funktionskombinationen (Programmteil FUNKER)
- Rang jeder Funktionskombination bestimmen (RANGER)
- Kapazitätsobergrenzen errechnen (KOGER)
- Kapazitätsuntergrenzen errechnen (KUGER)

Der Programmteil FUNKER ermittelt schrittweise aus den im Kapazitätsspektrum angegebenen Bearbeitungsfunktionen sämtliche Funktionskombinationen. Dazu werden zunächst Untersysteme gebildet, die nur einen Teil der im Fertigungssystem enthaltenen Funktionen einschließen, denen dann eine weitere Funktion zugefügt wird.

Bild 41 veranschaulicht diesen Vorgang, bei dem die Untersysteme in Matrizendarstellung abgebildet sind. Ausgehend von dem sog. "Elementarsystem", das nur zwei Bearbeitungsfunktionen (F1 und F2) enthält, wird durch Zufügen einer weiteren Bearbeitungsfunktion ein Teilsystem mit dem Rang R=3 erzeugt. In dieser Weise wird fortgefahren, bis der Rang R=N den Abbruch des Vorgangs anzeigt. N entspricht daher der Gesamtzahl der im Fertigungssystem enthaltenen Funktionen.

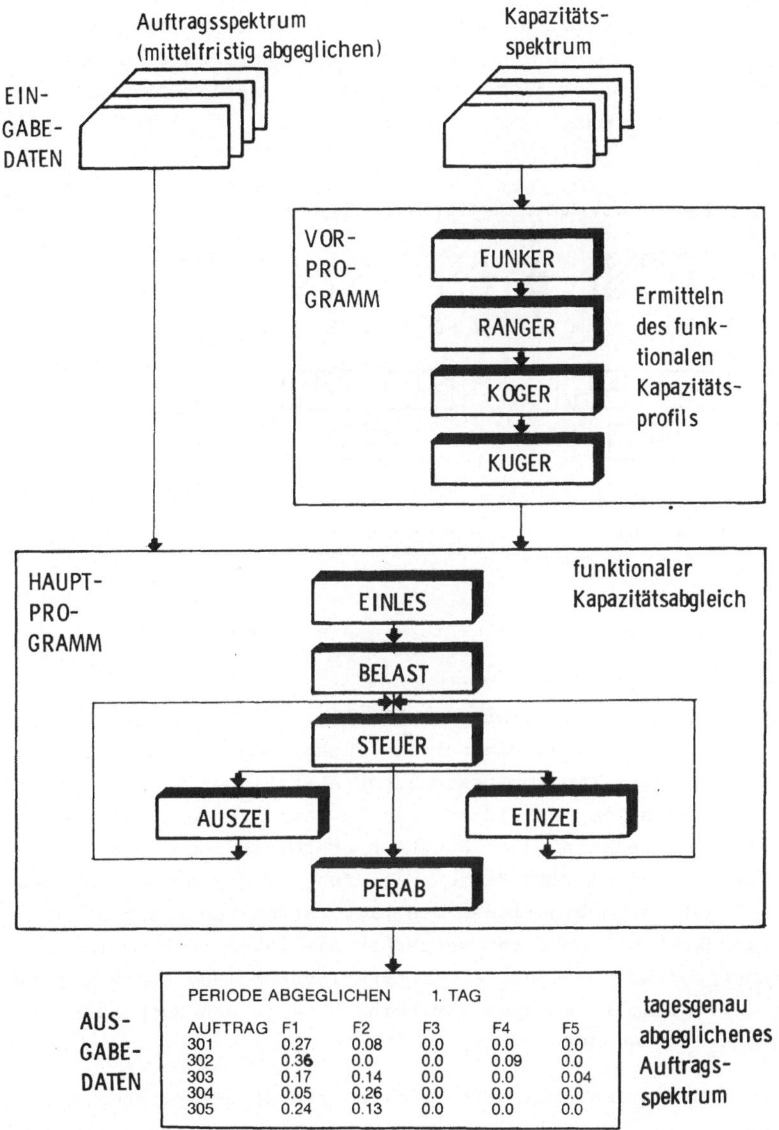

Bild 40: Funktion und Grobstruktur des Programms FUNKAP

Der Rang des Systems entspricht in der Matrizendarstellung, wie
aus <u>Bild 41</u> ersichtlich, der Zahl der Zeilen. Die Zahl der Spal-
ten ist gleich der Zahl der dadurch möglichen Funktionskombinationen. Spalte 3 des Elementarsystems z.B. stellt die Funktionskombination F12 dar.

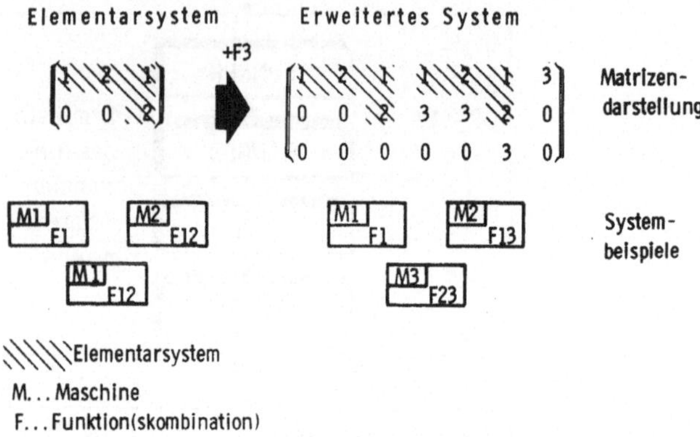

<u>Bild 41</u>: Erweitern des Elementarsystems um eine Stufe

Da der Rechenaufwand des Verfahrens ganz wesentlich vom Rang der
höchsten Funktionskombination abhängt, versucht man ihn dadurch
niedrig zu halten, daß man nur die Funktionen kombiniert, zwischen denen ein Kapazitätsaustausch stattfinden kann. Dies ist
der Fall bei allen Funktionen, die in Maschinen enthalten sind,
welche mindestens in einer Funktion übereinstimmen. Daher ist vor
der Erweiterung um eine Stufe zu prüfen, ob die erhaltenen weiteren Funktionskombinationen benötigt werden. Der Rang einer
Funktionskombination dient weiterhin dazu, bei Rechenvorgängen
im Hauptprogramm das Ende einer Funktionskombination anzuzeigen,
wenn ihre Einzelfunktionen der Reihe nach in den Rechenvorgang
eingeschleust werden.

Die Bestimmung des Kapazitätsprofils erfolgt entsprechend der in
Abschnitt 4.3.2 geschilderten Vorgehensweise ausgehend von den
in Matrixform eingelesenen Maschinendaten. <u>Bild 42</u> zeigt die
Flußdiagramme der Berechnung. Die Daten der einzelnen Funktionskombinationen werden dabei nacheinander mit den vorhandenen Maschinen verglichen.

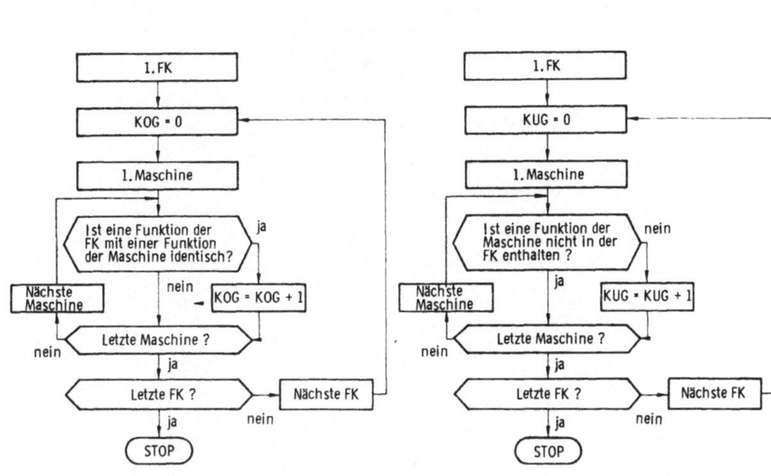

<u>Bild 42</u> : Bestimmung des Kapazitätsprofils

      (a) Kapazitätsobergrenze (b) Kapazitätsuntergrenze

4.2.3 Hauptprogramm

Das FUNKAP-Hauptprogramm besteht aus 6 Programmbausteinen (siehe <u>Bild 40</u>). Um die Übersichtlichkeit zu erhöhen, tragen die Bausteine mit gleichen oder ähnlichen Aufgaben die bereits vom Programm MAKAP her bekannten Bezeichnungen. Gegenüber dem Programm MAKAP entfallen die Bausteine, die dem technologischen Abgleich dienen (AUSMAS bzw. EINMAS).

4.2.3.1 Programmbaustein BELAST

Der Ablauf des Programmbausteins BELAST ist in <u>Bild 43</u> dargestellt. Zunächst wird aus den Auftragsdaten die Gesamtbelastung jeder Einzelfunktion (Programmabschnitt "EINZEL") sowie jeder Funktionskombination ("BELFUK"). Danach wird mit einem Horizont von insgesamt 5 Perioden die Belastung der Funktionskombinationen für jeden einzelnen Auftrag ermittelt. Dies geschieht im ersten Durchlauf (abzugleichende Periode P = 1) im Programmteil FUNKOM.

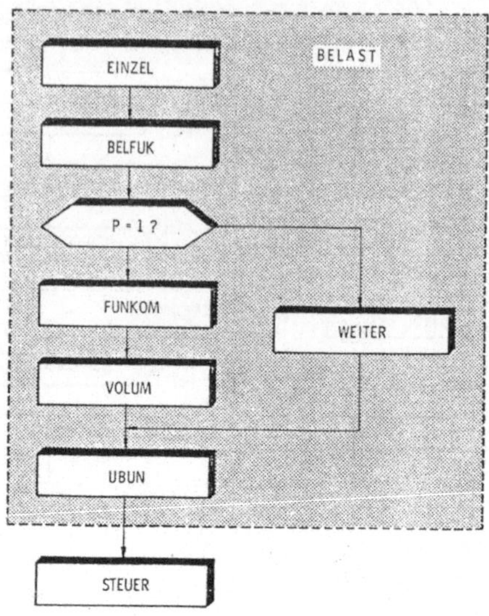

<u>Bild 43</u>: Ablauf des Programmbausteins BELAST

Im Programmteil VOLUM werden anschließend noch die Gesamtvolu-
mina aller einzelnen Aufträge berechnet, da diese zur Ermittlung
der Verlagerungswerte bekannt sein müssen. Für die weiteren
Durchläufe (Abgleich der Perioden P = 2...P=10) werden die von
FUNKOM und VOLUM errechneten Werte im Programmabschnitt WEITER
um eine zusätzliche Periode ergänzt, so daß jeweils ein Auftrags-
vorlauf von 4 Perioden gewährleistet ist. Schließlich werden im
Programmabschnitt UBUN die Abgleichskenngrößen UB, UN und A errechnet, worauf in den nachfolgenden Programmbaustein STEUER
übergegangen wird.

4.2.3.2 <u>Programmbaustein STEUER</u>

Der Ablauf des im Anschluß an BELAST durchlaufenen Programmbausteins STEUER ist aus <u>Bild 44</u> ersichtlich. Als erstes wird abgefragt, ob die von BELAST ermittelten Belastungsabweichungen A
und UB eine vorgegebene Toleranzgrenze (TA bzw. TUB) unterschreiten. Ist dies nicht der Fall, so werden zwei Steuerparameter ge-
setzt (PA = PE = 0).

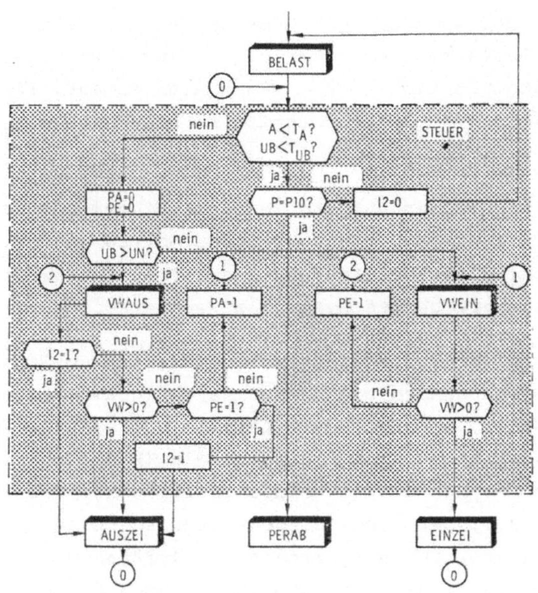

Bild 44: Programmbaustein STEUER im Programm FUNKAP

Danach wird untersucht, ob Auslagerungsmaßnahmen (linker Programmzweig) oder Einlagerungsmaßnahmen (rechter Zweig) einzuleiten
sind. Dies hängt zum einen davon ab, ob die festgestellten Überlastungen oder Unterlastungen überwiegen, zum anderen davon, ob
in VWAUS bzw. VWEIN ein positiver Verlagerungswert errechnet wurde.

Die Ermittlung des zu verlagernden Auftrags in VWAUS bzw. VWEIN
erfolgt durch probeweise Verlagerung sämtlicher infrage kommenden

Aufträge. Um den Rechenaufwand zur Beurteilung der Aufträge zu vermindern, werden in diesen Programmteilen zwei Hilfswerte verwendet, nämlich die Differenz (DIF) und der Differenzwert (D) eines Auftrags.

Die Differenz eines Auftrags gibt den Betrag an, um den der Auftrag bei einer Auslastung die Überlastung (bzw. Unterlastung) einer Funktionskombination z u   w e n i g   abbaut. Für jede vorhandene Funktionskombination ergibt sich demnach ein anderer Betrag der Differenz DIF.

Der Differenzwert D eines Auftrags entspricht dem höchsten Wert aller seiner Differenzen DIF und gibt den Betrag an, um den der ganze Auftrag bei einer Verlagerung den Überlastungswert UB bzw. den Unterlastungswert UN des Systems zu wenig abbaut.

Während bei positiven Verlagerungswerten mit den Auslagerungs- bzw. Einlagerungsmaßnahmen begonnen wird (Programmbausteine AUSZEI bzw. EINZEI), erfolgt bei negativem Verlagerungswert ein Sprung in den jeweils anderen Programmzweig (Konnektoren 1 bzw. 2). Falls weder bei den auszulagernden Aufträgen (Aufträge der abzugleichenden Periode) noch bei den einzulagernden Aufträgen (Aufträge der nachfolgenden Perioden) ein Auftrag mit positivem Verlagerungswert zu finden ist (angezeigt durch den Wert 1 der Steuerparameter PA und PE), wird der Auftrag verlagert, der den Überlastungswert UB bei möglichst geringer Erhöhung des Unterlastungswertes UN am stärksten abbaut.

Die betreffende Periode kann von diesem Zeitpunkt an nur noch durch auszulagernde Aufträge mit negativem Verlagerungswert VWAUS unter die Toleranzgrenze TUB für den Überlagerungswert UB gebracht werden. Der Steuerparameter I 2 sorgt dafür, daß in diesem Fall der Programmabschnitt VWEIN nicht mehr durchlaufen wird (I 2 = 1). Die weiteren Aufträge werden nach folgenden Prioritäten ausgelastet:

1. Aufträge, die den Überlastungswert UB am stärksten abbauen (W 1 = max !)

2. Aufträge, die den Überlastungswert UN am wenigsten erhöhen (A 1 = min !)

Die erste der beiden Prioritätsregeln hat dabei den Vorrang.

4.2.3.3 Programmbaustein AUSZEI bzw. EINZEI

Diese Programmbausteine im Programm FUNKAP entsprechen im
Ablauf den gleichnamigen Bausteinen im Programm MAKAP. Im
einzelnen werden folgende Schritte durchlaufen:

- Neuzuordnen des im Programmbaustein STEUER ausgewählten
  Auftrags zur betreffenden Periode,
- Be- und Entlasten sämtlicher von diesem Auftrag beauf -
  schlagten Funktionen,
- Korrigieren der Belastungsabweichungen,
- Rücksprung in den Programmbaustein STEUER.

4.3   Leistungsvergleich der Programme

4.3.1   Simulation als Hilfsmittel des Leistungsvergleichs

Die Simulation von Planungsläufen mit unterschiedlichen Eingangsgrößen ist ein geeignetes Hilfsmittel, um die Leistungsfähigkeit
von Planungsprogrammen zu überprüfen. Anhand der im folgenden
näher beschriebenen Simulation sollte insbesondere untersucht
werden, ob sich mit dem Verfahren des funktionalen Kapazitätsabgleichs tatsächlich bessere Planungsergebnisse erzielen lassen
als mit dem maschinenorientierten Verfahren. Bild 45 zeigt die
Eingangsparameter und die Randbedingungen der Simulation sowie
die zur Bewertung der Planungsergebnisse verwendeten Kriterien
im Zusammenhang.

4.3.2   Eingangsdaten der Simulation

Um aussagekräftige Ergebnisse zu erhalten, wurden die Eingangsdaten der Simulation entsprechend den Kapazitäts- und Auftragsspektren der bekannten Konzeptionen flexibler Fertigungssysteme festgelegt. Wie aus Bild 45 hervorgeht, umfaßt das simulierte K a -
p a z i t ä t s s p e k t r u m die Daten von flexiblen Fertigungssystemen mit 2...10 Bearbeitungsstationen. Die Ausstattung
der Bearbeitungsstationen variiert von einer Bearbeitungsfunktion (Spezialmaschine) bis zu 5 Bearbeitungsfunktionen (Univer-
salmaschine). Dadurch sind sowohl Fertigungssysteme mit geringer
Anpassungsfähigkeit (ergänzende Bearbeitungsstationen) als auch
mit hoher Anpassungsfähigkeit (ersetzende Bearbeitungsstationen)
nachgebildet.

Maßstab für die Ersetzbarkeit der Bearbeitungsstationen und damit auch für die Anpassungsfähigkeit eines Fertigungssystems
ist die Redundanz /24/. Die absolute Redundanz R gibt an, wievie-
le Bearbeitungsfunktionen in einem Fertigungssystem mehrfach vor-
handen sind. Als relative Redundanz r wird das Verhältnis der
im System mehrfach vorhandenen Bearbeitungsfunktionen zur Zahl
der bei universellster Ausstattung vorhandenen "überzähligen"
Bearbeitungsfunktionen bezeichnet.

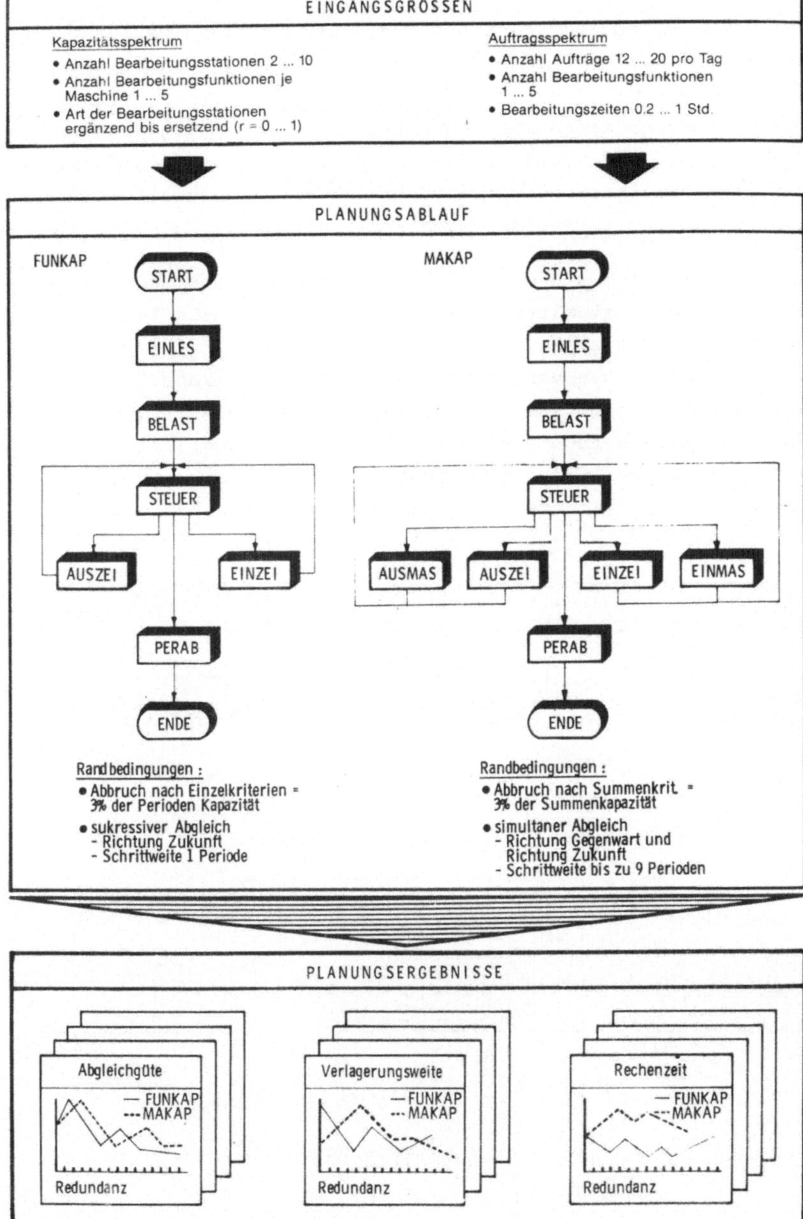

Bild 45: Leistungsvergleich mit Hilfe der Simulation

Eine relative Redundanz von r = 0 bedeutet, daß das Fertigungs-system ausschließlich sich ergänzende Bearbeitungsstationen ent-hält, wohingegen r = 1 ersetzende Bearbeitungsstationen kenn-zeichnet. Zwischen diesen beiden Extremen bewegen sich die Werte für die relative Redundanz der in der Simulation betrachteten Ausstattungsvarianten, wobei die Zahl der unterschiedlichen Bear-beitungsfunktionen im System höchstens 5 beträgt.

Das A u f t r a g s s p e k t r u m erstreckt sich über 10 Pe-rioden (Tage) und ist mittelfristig, d.h. über diesen Zeitraum hinweg, vollständig abgeglichen. Dagegen treten kurzfristige Belastungsabweichungen von bis zu 100 % der Normalkapazität auf. Das Auftragspektrum umfaßt 12, 14, 16, 18 bzw. 20 Aufträge pro Tag. Die Aufträge selbst wurden zufallsmäßig erzeugt; sie be-lasten 2...5 Bearbeitungsfunktionen, wobei die Bearbeitungszei-ten von 0,2...bis 1 Stunde (0,01 bis 0,5 KE) schwanken.

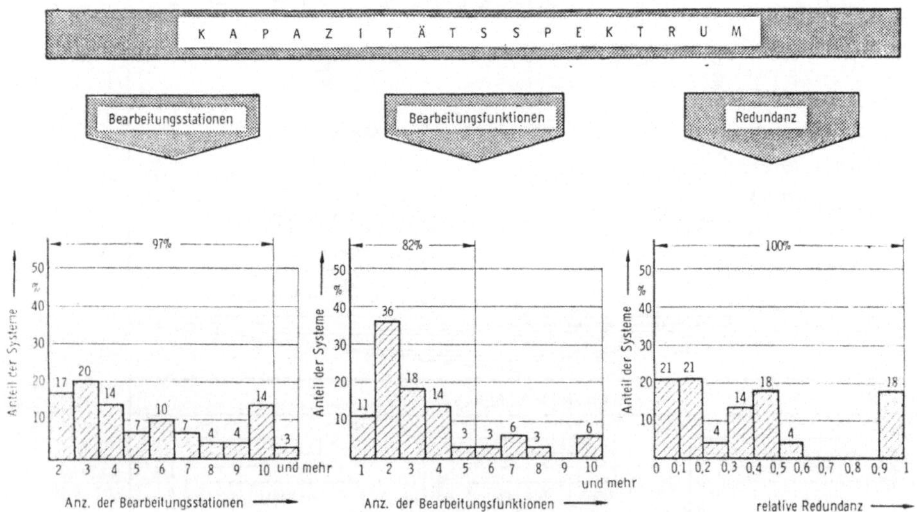

Bild 46: Kapazitätsspektren bekannter Konzeptionen flexibler Fertigungssysteme

Die beschriebenen Eingangsdaten orientieren sich an den in der
Literatur zu entnehmenden Angaben zum Kapazitäts- bzw. Auftragsspektrum der bekannten Konzeptionen flexibler Fertigungssysteme /24...77/.
<u>Bild 46</u> verdeutlicht dies für den Fall des Kapazitätsspektrums.
Demnach repräsentiert das der Simulation zugrunde gelegte Kapazitätsspektrum hinsichtlich der Anzahl der Bearbeitungsstationen
97 % der bekannten industriellen Konzeptionen flexibler Fertigungssysteme, hinsichtlich der Anzahl der Bearbeitungsstationen
ungefähr 82 %. Hinsichtlich der Redundanz deckt die Simulation
den gesamten Wertebereich ab. Dabei sind insbesondere die unteren und mittleren Redundanzwerte berücksichtigt, für die die Analyse eine deutliche Häufung ergibt.

Wie die Anzahl der Bearbeitungsfunktionen und die relative Redundanz ermittelt wurden, soll am Beispiel des von der Firma Molins
konzipierten Systems verdeutlicht werden. Das in <u>Bild 47</u> skiz-
zierte "System 24" enthält drei in drei Achsen gesteuerte Doppel-

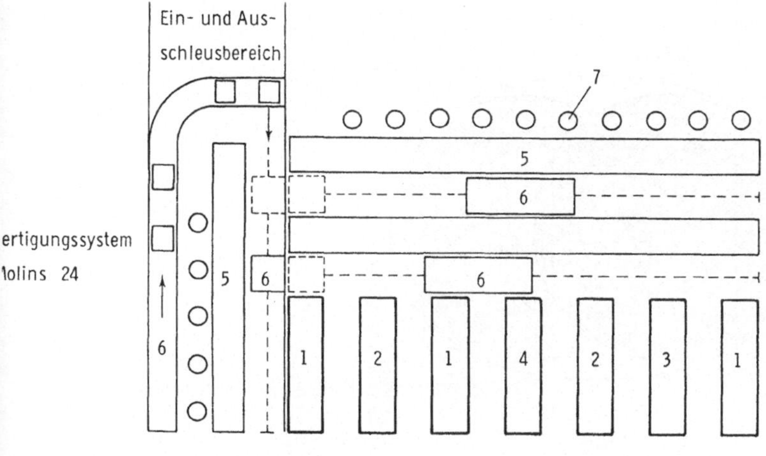

<u>Bild 47</u>: Molins "System 24" /56/

spindel-Fräsmaschinen, zwei Bohrmaschinen und eine in sechs Achsen bahngesteuerte Bohr- und Fräsmaschine, die über ein gemein-
sames Lager (ausgebildet als Doppelregal) und zwei Regalförder-
zeuge untereinander und mit dem Werkstückvorbereitungsraum verbunden sind.

Die Arbeitsbereiche der Maschinen des "Systems 24" und die entsprechend der Definition in Abschnitt 4.1.1 erhaltenen Bearbeitungsfunktionen sind in Bild 48 schematisch dargestellt. Demnach
sind vier Bearbeitungsfunktionen zu unterscheiden: Da sich die
Arbeitsbereiche der Doppelspindel teilweise überdecken, ergeben
sich drei Bearbeitungsfunktionen, eine vierte Bearbeitungsfunktion entsteht dadurch, daß die Universal-Bohr- und Fräsmaschine
nicht nur sämtliche Bearbeitungsmöglichkeiten der übrigen Maschinen besitzt, sondern darüber auch Sonderbearbeitungen durchführen
kann /24/.

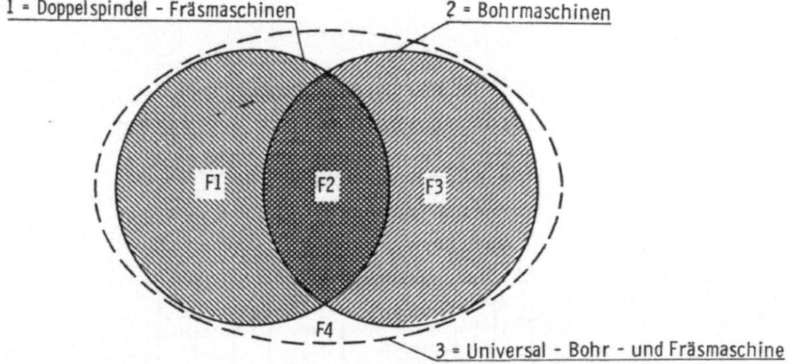

Bild 48: Ermittlung der Anzahl an Bearbeitungsfunktionen
(1 Funktionsbereich der Doppelspindel-Fräsmaschinen,
2 Funktionsbereich der Bohrmaschinen, 3 Funktionsbereich
der Bohr- und Fräsmaschine, F1...F4 Einzelfunktionen)

Die Berechnung der Redundanz veranschaulicht <u>Bild 49</u>. Insgesamt
können im betrachteten Fertigungssystem 14 (gleiche und unterschiedliche) Bearbeitungsfunktionen durchgeführt werden. Davon
sind 8 "überzählig", (R = 8), da bei 8 Bearbeitungsstationen im
System mindestens 6 Bearbeitungsfunktionen installiert sein müssen.

Insgesamt können bei 6 Maschinen und 4 unterschiedlichen Bearbeitungsfunktionen insgesamt 24 Bearbeitungsfunktionen vorliegen,
wobei dann 18 "überzählig" sind. Damit beträgt die relative Redundanz r = 0,44.

FERTIGUNGSSYSTEM " MOLINS SYSTEM 24"			Bearbeitungsfunktionen			
Bearbeitungsstationen Bezeichnung	MNR	BNR	F1	F2	F3	F4
Doppelspindel-Fräsmaschine	M1	B1	⊗	⊗	O	O
Doppelspindel-Fräsmaschine	M2	B1	⊗	⊗	O	O
Doppelspindel-Fräsmaschine	M3	B1	⊗	⊗	O	O
Bohrmaschine	M4	B2	O	⊗	⊗	O
Bohrmaschine	M5	B2	O	⊗	⊗	O
Universal-Bohr-und Fräsmaschine	M6	B2	⊗	⊗	⊗	⊗

MNR... Nummer der Bearbeitungsstation
BNR... Funktionsbereich der Bearbeitungsstation
F1...F4... Bearbeitungsfunktionen
X installierte Bearbeitungsfunktionen
O mögliche Bearbeitungsfunktionen

<u>Bild 49</u>: Ermittlung der Redundanz

Durch systematische Variation der Eingangsgrößen des Kapazitäts-
und des Auftragsspektrums in den aus <u>Bild 45</u> oben ersichtlichen
Grenzen werden insgesamt 250 Datenprofile erzeugt, mit denen je
ein Planungslauf mit den Programmen MAKAP und FUNKAP durchgeführt
wurde.

4.3.3   Randbedingungen der Simulation

Als wichtigste Randbedingungen der Simulation sind die verwendeten Abbruchkriterien zu erwähnen. Neben den bereits in Abschnitt 3.2.1.5 und 3.2.2.5 beschriebenen, auf die Abgleichsgüte bezogenen Abbruchkriterien erwies sich für das Programm MAKAP aus Aufwandsgründen die zusätzliche Verwendung eines auf die Programmlaufzeit bezogenen Abbruchskriteriums als notwendig.

Das auf die Abgleichsgüte bezogene Abbruchkriterium wurde im Programm MAKAP so festgelegt, daß der Abbruch bei Erreichen des Werts 3 % (bezogen auf die Normalkapazität) für die Abgleichskenngröße A (in diesem Fall: Summe der Belastungsabweichungen an den Maschinen über alle Perioden) bzw. 50 % für die Abgleichskenngröße AB 2 (Belastungsabweichung je Maschine).

Im Programm FUNKAP war die Toleranzgrenze bei 3 % der Abgleichskenngröße A (hier: Summe der Belastungsabweichungen je Periode) und des Überlastungswerts UB. Dies bedeutet für das Programm FUNKAP eine schärfere Einschränkung, da das Einzelkriterium Periode angewendet ist, während im Programm MAKAP das Summenkriterium verwirklicht ist.

Dennoch erreicht das Programm MAKAP die geforderte Abgleichsgüte bei Fertigungssystemen mit niedrigen Werten für die Redundanz r nicht. Es zeigte sich, daß mit wachsender Zahl der Abgleichsschritte die Wahrscheinlichkeit, die Abgleichsgüte noch weiter zu verbessern, stark abnimmt. Daher wurde, um die Rechenzeiten erträglich zu halten, im Programm MAKAP nach 500 zeitlichen Verlagerungsschritten abgebrochen.

4.3.4   Bewertung der Planungsergebnisse

Die Qualität eines Abgleichsverfahrens ist maßgeblich bestimmt von

- der erreichten Übereinstimmung von Kapazitäts- und Belastungsprofil bzw. den verbliebenen Belastungsabweichungen,

- den zur Erzielung der Übereinstimmung von Kapazitäts- und Belastungsprofil vorgenommenen Terminverschiebungen der Aufträge sowie

- dem benötigten Rechenaufwand.

Die erreichte Übereinstimmung von Kapazitäts- und Belastungsprofil kann im vorliegenden Fall anhand der in den Programmen errechneten Abgleichsgüte beurteilt werden. Der Rechenaufwand ist
an der benötigten CPU-Zeit abzulesen.

Zunächst liegt es nahe, als Maß für die Terminverschiebungen den
mittleren Abstand zwischen dem Einsteuertermin vor und nach dem
Abgleich zu verwenden. Dann sind jedoch bei geringer Anzahl von
Bearbeitungsstationen und damit niedriger Systemkapazität wesentlich kleinere Werte zu erwarten als bei größerer Anzahl von Bearbeitungsstationen, da im ersten Fall erheblich weniger Abgleichsmöglichkeiten bestehen.

Daher ist es zweckmäßig, die aufgetretenen Terminverschiebungen
auf die Systemkapazität zu normieren, um damit die erzielten Planungsergebnisse über den gesamten Untersuchungsbereich von 2 - 10
Bearbeitungsstationen vergleichbarer zu machen. Das so definierte
Beurteilungskriterium ist im folgenden als "relative Verschiebeweite" V_{rel} bezeichnet.

$$V_{rel} = \frac{\sum \text{Terminverschiebungen}}{\sum \text{Kapazitätsangebot}}$$

4.3.5 Simulationsergebnisse

Die bei der Simulation des Kapazitätsabgleichs mit den beiden
Programmen FUNKAP und MAKAP für die genannten Kriterien erhaltenen Werte sind in den Bildern 50 und 51 tabellarisch zusammen-
gestellt; der Verlauf der Durchschnittswerte aus den simulierten
fünf Auftragsspektren ist in den Bildern 52 ...54 wiedergegeben.
Um die Übersichtlichkeit zu erhöhen, sind die Werte so interpo-
liert, daß der Verlauf der Bewertungsgrößen in Abhängigkeit von
der relativen Redundanz in Schritten von r = 0,1 abgelesen werden
kann.

Im großen und ganzen bestätigen die Simulationsergebnisse die getroffenen Annahmen. Zur Abgleichsgüte ist festzustellen, daß die
verbleibenden Belastungsabweichungen mit zunehmender Redundanz
und zunehmender Anzahl vorhandener Bearbeitungsstationen immer

	$r=0$	$r=0{,}1$	$r=0{,}2$	$r=0{,}3$	$r=0{,}4$	$r=0{,}5$	$r=0{,}6$	$r=0{,}7$	$r=0{,}8$	$r=0{,}9$	$r=1{,}0$	
V_{rel}					4,48	4,29	3,86	3,65	3,67	3,56	3,04	2 Maschinen
A					11,08	4,54	-	-	-	-	-	
RZ					47,03	45,32	25,43	16,48	18,27	17,92	10,97	
V_{rel}			2,15	2,46	2,59	2,36	2,22	2,20	2,09	2,20	2,32	3 Maschinen
A			18,74	14,72	12,33	7,38	5,03	4,58	4,63	4,43	4,34	
RZ			65,35	71,59	82,36	69,47	55,33	43,39	42,69	25,02	41,61	
V_{rel}		2,25	1,79	2,78	3,40	2,93	2,58	2,44	2,45	2,33	2,39	4 Maschinen
A		33,58	16,54	11,23	7,06	6,29	5,83	5,89	5,79	5,78	5,88	
RZ		93,97	98,57	98,27	89,33	54,50	31,73	29,84	30,57	28,85	31,43	
V_{rel}	1,49	1,57	1,65	1,53	1,40	1,79	1,98	1,93	1,84	1,79	1,73	5 Maschinen
A	24,82	21,45	18,08	18,04	18,00	14,96	12,00	10,09	9,60	9,55	9,50	
RZ	130,98	139,24	147,49	158,29	169,09	191,99	189,69	166,82	160,83	167,14	173,45	
V_{rel}	1,66	1,57	1,51	1,53	1,56	1,44	1,09	0,55	0,53	0,51	0,51	6 Maschinen
A	10,10	10,82	8,60	4,60	4,79	4,20	-	-	-	-	-	
RZ	180,24	196,10	210,44	190,08	187,02	171,26	164,20	146,47	132,14	132,14	114,18	
V_{rel}	1,81	1,95	2,07	2,16	2,18	2,18	2,10	1,95	1,86	1,83	1,93	7 Maschinen
A	8,4	-	-	-	-	-	-	-	-	-	-	
RZ	227,92	242,52	248,66	237,36	223,22	200,96	146,82	101,32	91,77	126,66	106,66	
V_{rel}	1,30	1,40	1,51	1,61	1,56	1,51	1,48	1,31	1,41	1,39	1,40	8 Maschinen
A	19,14	10,13	7,12	4,09	-	-	-	-	-	-	-	
RZ	282,59	191,99	301,38	310,78	231,58	150,96	99,39	98,00	100,14	98,96	105,84	
V_{rel}	3,88	4,25	4,30	4,32	4,46	4,52	4,29	3,96	3,92	3,90	4,05	9 Maschinen
A	6,96	5,88	6,09	6,40	5,26	4,32	3,38	3,92	3,90			
RZ	350,57	389,07	427,27	465,74	453,63	434,32	390,00	298,31	287,12	279,16	294,75	
V_{rel}	1,55	1,61	1,61	1,46	1,35	1,29	1,29	1,28	1,26	1,24	1,21	10 Maschinen
A	9,66	7,64	4,99	-	-	-	-	-	-	-	-	
RZ	421,58	472,12	450,78	213,81	177,80	161,51	164,93	164,32	161,61	159,25	164,80	

V^{rel}
r... relative Redundanz
V_{rel}... relative Verschiebeweite

A... Abgleichskenngröße (prozentuale Belastungsabweichung)
RZ... Rechenzeit

Bild 50: Simulationsergebnisse des Programms MAKAP

	$r=0$	$r=0{,}1$	$r=0{,}2$	$r=0{,}3$	$r=0{,}4$	$r=0{,}5$	$r=0{,}6$	$r=0{,}7$	$r=0{,}8$	$r=0{,}9$	$r=1{,}0$	
V_{rel}					4,20	3,33	2,82	2,61	2,61	2,54	2,24	2 Maschinen
A					3,86	-	-	3,19	3,18	-	-	
RZ					14,71	13,85	12,80	12,23	12,13	12,07	12,09	
V_{rel}			3,94	3,34	3,68	3,07	2,77	2,76	2,76	2,56	2,51	3 Maschinen
A			6,70	6,21	6,54	-	-	-	-	-	-	
RZ			15,32	14,76	14,32	14,82	14,93	14,67	14,58	14,001	14,63	
V_{rel}		3,46	2,30	2,24	2,08	1,58	1,36	1,55	1,30	1,27	1,59	4 Maschinen
A		7,40	3,09	-	-	-	-	-	-	-	-	
RZ		25,40	22,13	21,25	20,35	19,43	18,57	18,00	18,65	17,81	18,23	
V_{rel}	3,61	2,91	2,22	1,94	1,66	1,37	1,04	0,86	0,86	0,86	0,75	5 Maschinen
A	19,45	12,17	4,88	-	-	-	-	-	-	-	-	
RZ	33,10	29,37	25,63	24,42	24,23	21,58	20,26	19,89	19,79	19,34	19,72	
V_{rel}	1,82	1,75	1,37	0,85	0,84	0,77	0,61	0,44	0,36	0,36	0,36	6 Maschinen
A	6,10	4,60	-	-	-	-	-	-	-	-	-	
R7	35,20	30,46	26,95	26,83	24,31	24,20	23,94	22,80	22,36	22,41	22,15	
V_{rel}	3,20	2,08	1,46	1,22	1,06	0,92	0,93	0,94	0,79	0,89	1,11	7 Maschinen
A	12,84	3,86	-	-	-	-	-	-	-	-	-	
RZ	37,91	31,94	28,26	26,33	25,76	25,56	24,95	24,53	24,88	25,16	25,54	
V_{rel}	3,28	2,60	1,92	1,24	1,10	1,06	1,06	1,07	1,05	1,05		8 Maschinen
A	13,36	9,09	4,82	-	-	-	-	-	-	-	-	
RZ	36,52	32,86	29,20	25,55	25,64	26,07	26,00	25,35	24,92	25,32	24,96	
V_{rel}	2,67	2,31	2,14	1,99	1,58	1,25	1,18	1,00	1,00	1,00	1,00	9 Maschinen
A	8,04	-	-	-	-	-	-	-	-	-	-	
RZ	51,80	45,18	42,29	41,00	36,86	33,87	32,81	27,13	27,28	24,48	27,11	
V_{rel}	1,67	1,29	0,92	0,57	0,58	0,58	0,58	0,56	0,54	0,54	0,54	10 Maschinen
A	3,87	-	-	-	-	-	-	-	-	-	-	
RZ	41,54	35,24	29,39	24,85	25,04	25,03	24,82	24,37	24,43	25,69	25,09	

r... relative Redundanz
V_{rel}... relative Verschiebeweite

A... Abgleichskenngröße (prozentuale Belastungsabweichun)
RZ... Rechenzeit

Bild 51 : Simulationsergebnisse des Programms FUNKAP

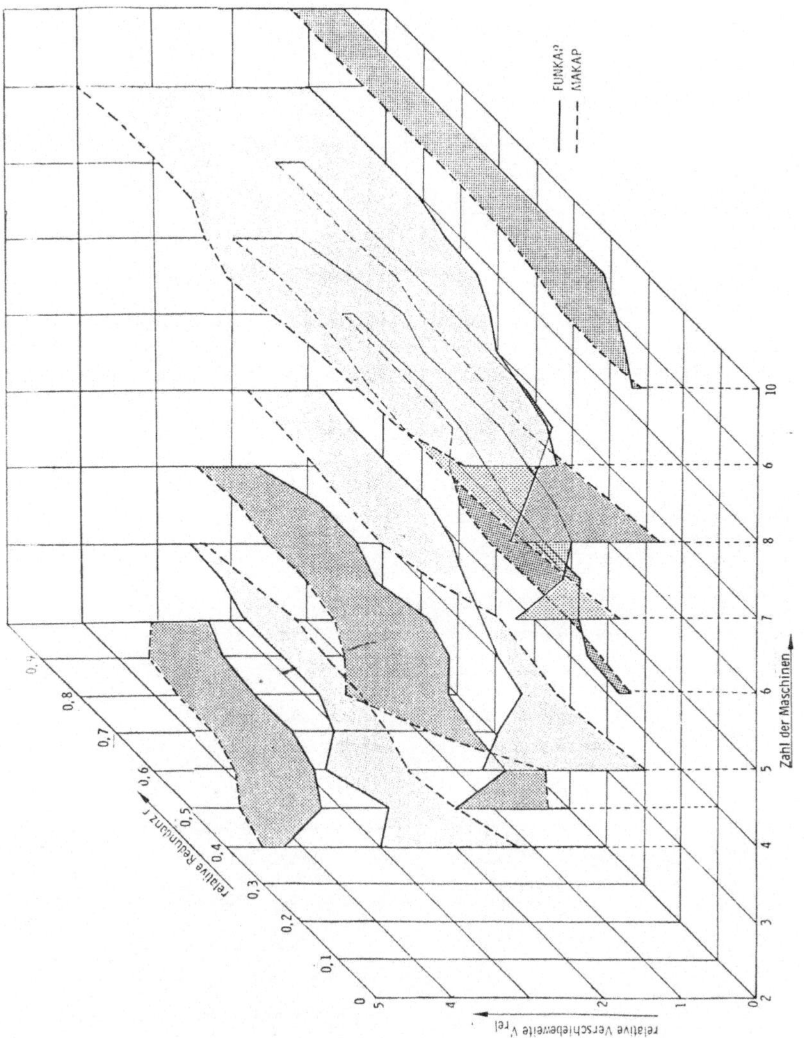

Bild 52 : Terminverschiebungen

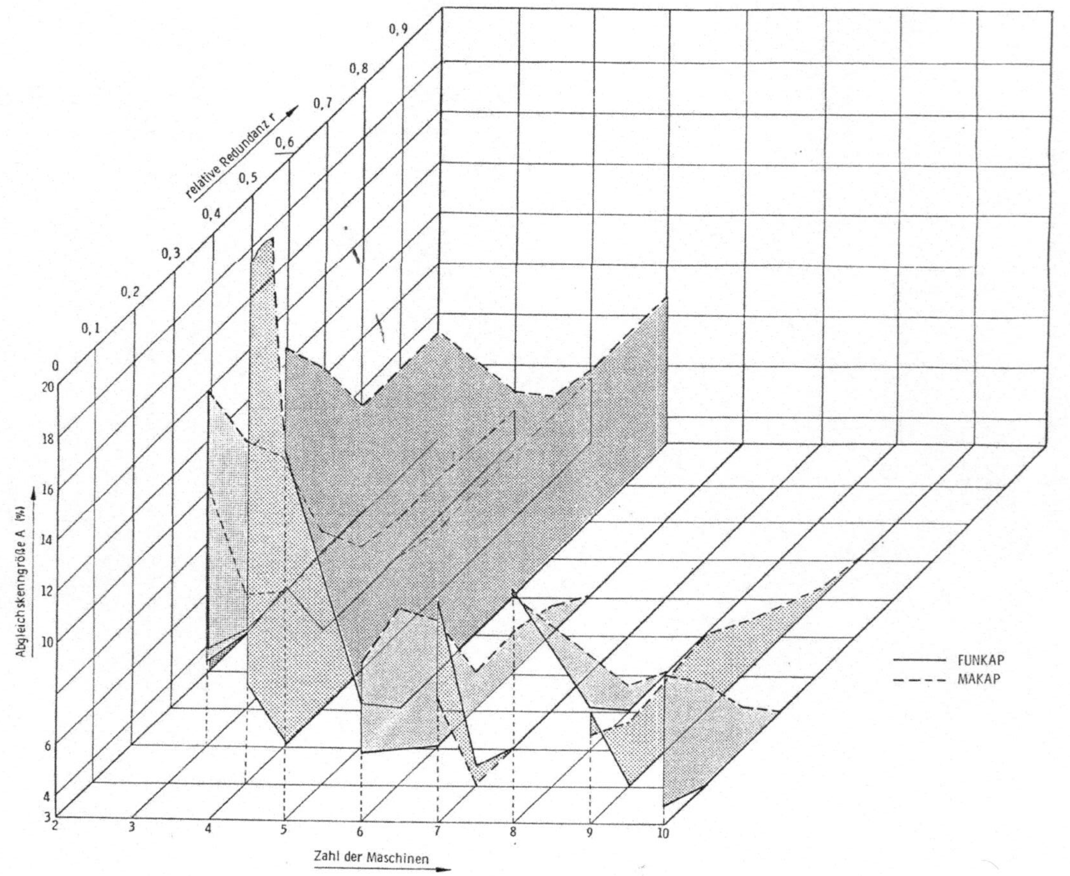

Bild 53 : Abgleichserfolg

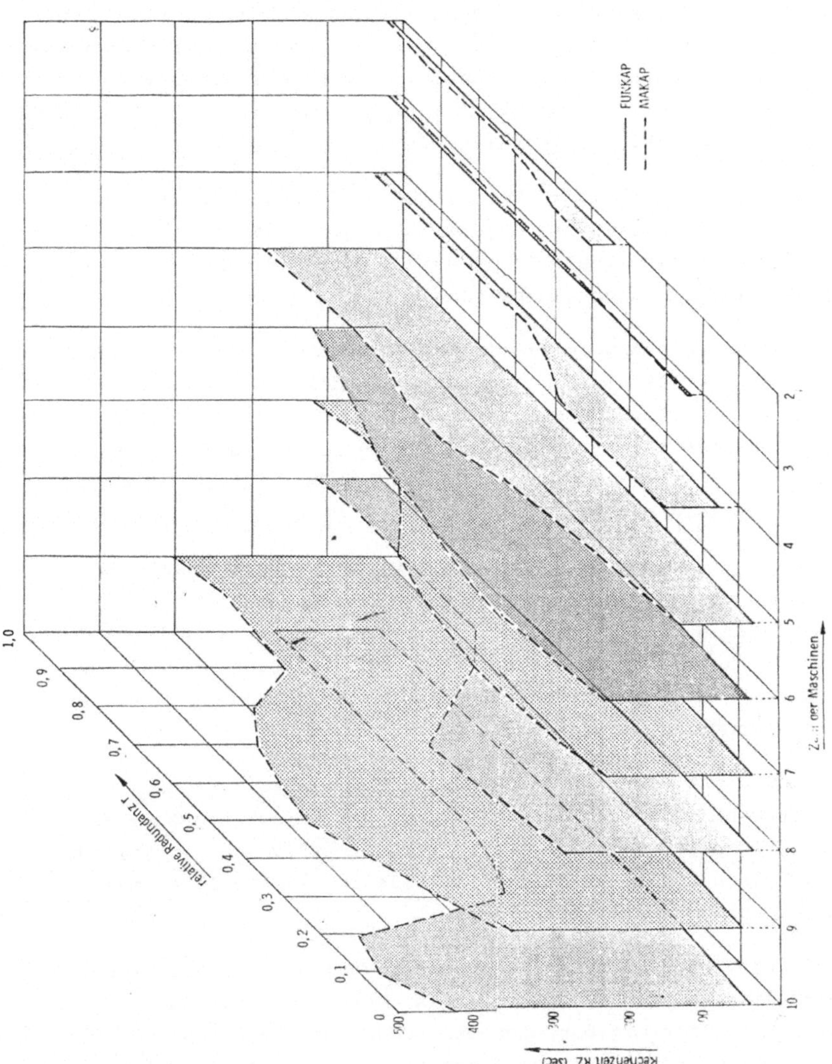

<u>Bild 54</u>: Rechenzeiten

geringer werden. Dies ist auf die parallel dazu ansteigende Zahl
der Abgleichsmöglichkeiten zurückzuführen.

Umgekehrt wird mit wachsender Redundanz und wachsender Anzahl der
Bearbeitungsstationen die für den Kapazitätsabgleich benötigte
Rechenzeit größer. Um diesen Sachverhalt anschaulich zu machen,
ist der Verlauf der Rechenzeit in __Bild 54__ umgekehrt, also mit fal-
lender Maschinenzahl, dargestellt.

Einen etwas uneinheitlichen Verlauf zeigt die relative Verschiebeweite: Beim Programm FUNKAP ergeben sich nach oben geöffnete, eher
becherförmige Kurven, beim Programm MAKAP sind die Kurven nach unten geöffnet, also eher glockenförmig.

Vergleicht man die Ergebnisse beider Programme, so erweist sich
das Programm FUNKAP als überlegen insbesondere bei den Fertigungssystemen mit mittlerer Redundanz ($r = 0,3$ bis $r = 0,7$), also den
Fertigungssystemen des repräsentativen Typs, der durch das Vorhan-
densein sowohl ersetzender als auch ergänzender Bearbeitungsstationen gekennzeichnet ist.

Bei höherer Redundanz ($r > 0,7$) wird der Vorteil von FUNKAP gegenüber MAKAP geringer. Dies erklärt sich daraus, daß mit wachsender
Redundanz nur noch ein Teil der vorhandenen (technischen) Ausweichmöglichkeiten als unbedingt nötig zur Verfügung stehen, werden auch bei maschinenorientierter Kapazitätszuordnung immer leich-
ter Ausweichmöglichkeiten gefunden.

Bei Systemen mit niedriger Redundanz ($r < 0,3$) erreicht das Programm MAKAP hinscihtlich des Kriteriums der Verschiebeweite ein
besseres Ergebnis. Hier wirkt sich offensichtlich der Vorteil des
nicht linearen Abgleichs stärker aus als der Nachteil der maschinenorientierten Kapazitätszuordnung.

Ein von den übrigen Kurven abweichender Verlauf der Verschiebeweite zeigt sich bei den Systemkonfigurationen mit drei Maschinen
(s. __Bild__ 52). Hier ergaben sich für FUNKAP über den gesamten Redundanzbereich größere Verschiebeweiten als für MAKAP. Bei der
Würdigung dieses Sachverhalts ist zu berücksichtigen, daß die geforderte Abgleichsgüte von 3 % beim Einsatz von FUNKAP bereits
bei niedrigen Redundanzen erreicht bzw. unterschritten wird, wäh-

rend diese Abgleichsgüte bei MAKAP selbst bei der Redundanz 1
nicht eingehalten werden kann.

4.4 Möglichkeiten und Grenzen des vorgeschlagenen funktionalen Kapazitätsabgleichs

Die Analyse und kritische Wertung der Simulationsergebnisse zeigt,
daß das vorgeschlagene Verfahren des funktionalen Kapazitätsabgleichs einerseits eine Reihe von Vorteilen bietet, andererseits
jedoch in seinem Einsatzbereich beschränkt ist. Bild 55 faßt Möglichkeiten und Grenzen des Verfahrens in übersichtlicher Darstellung zusammen.

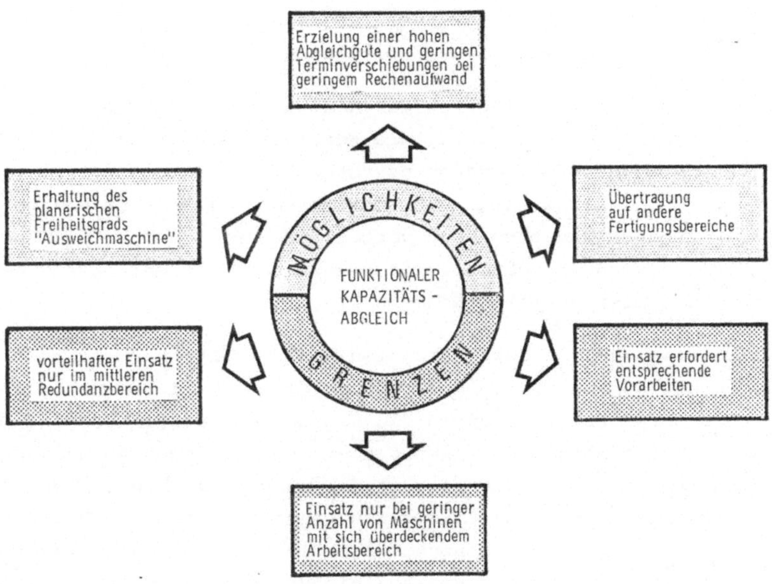

Bild 55 : Möglichkeiten und Grenzen des vorgeschlagenen
funktionalen Kapazitätsabgleichs

Wesentlich für die Beurteilung der M ö g l i c h k e i t e n des Verfahrens ist, daß der Verzicht auf eine feste Kapazitätszuordnung die Erhaltung des wichtigsten planerischen Freiheitsgrades "Ausweichmaschine" ermöglicht und damit eine Voraussetzung für eine optimale Maschinenbelegung schafft. Welche Vorteile daraus für die sich an den Kapazitätsabgleich anschließende Arbeitsvorgangsterminierung in bezug auf Kapazitätsausnutzung und Durchlaufzeit entstehen, wurde bereits in Abschnitt 2.4 dargelegt.

Neben diesen sich nur mittelbar und im Rahmen eines geschlossenen Fertigungssteuerungssystems für flexible Fertigungssysteme auswirkenden Vorteilen ließ die Simulation auch unmittelbar Vorteile für das vorgeschlagene Verfahren erkennen. Die festgestellten günstigeren Werte für die Abgleichsgüte und die Verlagerungsweite schlagen sich direkt in einer besseren Kapazitätsausnutzung sowie vor allem in einer niedrigeren Kapitalbindung nieder.

Hinzu kommt noch der geringere Rechenaufwand. Verschiedentlich wird in der Literatur vorgeschlagen, die Fertigungssteuerung insgesamt auf einem dem flexiblen Fertigungssystem zugeordneten sog. Fertigungsteilrechner abzuwickeln. Für diesen Fall wirkt sich der geringere Rechenaufwand besonders vorteilhaft aus, da die für diese Fertigungsteilrechner vorzusehende Rechenkapazität weit unter der des übergeordneten Betriebsrechners liegt.

Es ist zu erwarten, daß die genannten Vorzüge dann noch stärker hervortreten, wenn - wie in der industriellen Praxis üblich - zusätzlich externe Prioritäten in die Planung einbezogen werden. Die Simulation hat gezeigt, daß insbesondere bei geringer Anzahl von Bearbeitungsmaschinen das Verfahren des maschinenorientierten Kapazitätsabgleichs keine befriedigende Abgleichsgüte erlaubt. Dieser Nachteil verstärkt sich noch, wenn die Wahl des zu verlagernden Auftrags nicht nur mehr vom Abgleichsnutzen, sondern auch von externen Auftragsprioritäten abhängt. Wie stark sich dann das Verhältnis der Abgleichsgüte zugunsten des funktionalen Kapazitätsabgleichs verschiebt, war nicht Gegenstand der voranstehend beschriebenen Simulation und wäre im Rahmen weiterführender Arbeiten zu überprüfen.

Aufgrund der genannten Vorzüge erscheint das Verfahren nicht nur
für flexible Fertigungssysteme, sondern auch für andere, weniger
hoch automatisierte Fertigungsbereiche als geeignet, soweit sie
nach dem Prinzip der Gruppenfertigung organisiert sind. Dies tritt
insbesondere auf die unter dem Aspekt der Humanisierung der Arbeit
immer stärker in den Vordergrund rückende sog. "flexible Fertigungszelle" zu. In diesem Zusammenhang wird immer wieder die Forderung
erhoben, dem in der flexiblen Fertigungszelle arbeitenden Personal
dispositive Tätigkeiten wie die Planung der Auftragsfolge und der
Maschinenbelegung sowie die Steuerung und Überwachung des Auftragsdurchlaufs zu übertragen /78/. Für die zentrale Fertigungssteuerung
verbleibt die Aufgabe, für eine unter den Gesichtspunkten der Kapitalbindung und der Kapazitätsausnutzung sowie der Termineinhaltung optimale Arbeitsvorratsbildung zu sorgen. Für diese Aufgabe
wäre der Einsatz des vorgeschlagenen Prinzips des funktionalen
Abgleichs sicher vorteilhaft. Zuvor wäre allerdings zu klären, ob
und inwieweit die Flexibilität der Arbeitskräfte, die ja bei flexiblen Fertigungszellen maßgeblich die Anpassungsfähigkeit des
Gesamtsystems bestimmt, in der hier beschriebenen Weise dargestellt werden kann. Dabei ist insbesondere der Eignungsproblematik
erhöhte Aufmerksamkeit zu schenken.

Die Simulation hat aber auch die G r e n z e n des funktionalen
Kapazitätsabgleichs deutlich gemacht. Zum einen zeigte es sich,
daß sich gegenüber der herkömmlichen Vorgehensweise Vorteile nur
bei Systemen im mittleren Redundanzbereich ergeben. Zum anderen
aber steigt der Rechenaufwand des Verfahrens mit wachsendem Rang R
des Systems deutlich an, da die Anzahl der zu berücksichtigenden
Funktionskombinationen überproportional mit dem Rang wächst.

Eine nähere Betrachtung der Verhältnisse beim Kapazitätsabgleich
ergibt jedoch, daß ein Kapazitätsaustausch nur zwischen Bearbeitungsmaschinen erfolgen kann, deren Arbeitsbereiche sich entweder
unmittelbar überdecken oder deren Arbeitsbereiche über eine dritte
Maschine verbunden sind (Bild 56). Dementsprechend müssen auch nur
die Kombination derjenigen Funktionen berücksichtigt werden, die
unmittelbar oder mittelbar miteinander verbunden sind.

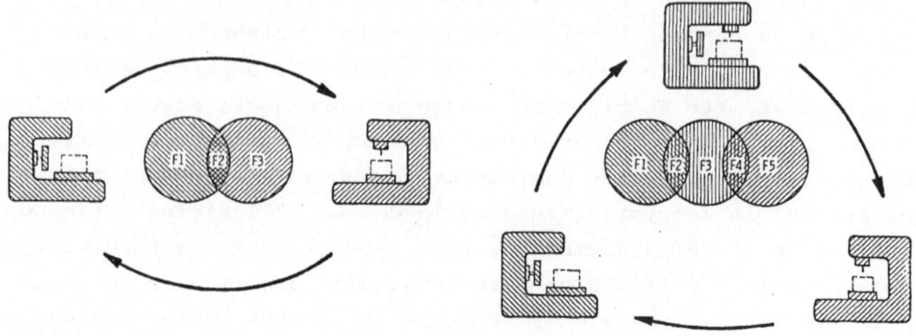

a) unmittelbarer
   Kapazitätsaustausch

b) mittelbarer
   Kapazitätsaustausch

<u>Bild 56</u> : Möglichkeiten des Kapazitätsaustauschs

Durch die Bildung von Teilsystemen, in denen ausschließlich die
Maschinen enthalten sind, zwischen denen ein Kapazitätsaustausch
stattfinden kann, wird eine Reduzierung des Rechenaufwands erreicht.
In dem in <u>Bild 57</u> gezeigten Beispiel wird der Rang des Systems von
$R = 6$ auf $R = 3$ reduziert, wenn man das System in die zwei Teilsy-
steme zerlegt, zwischen denen kein Kapazitätsaustausch möglich ist.
Damit verringert sich auch der Rechenaufwand in etwa um die Hälfte.

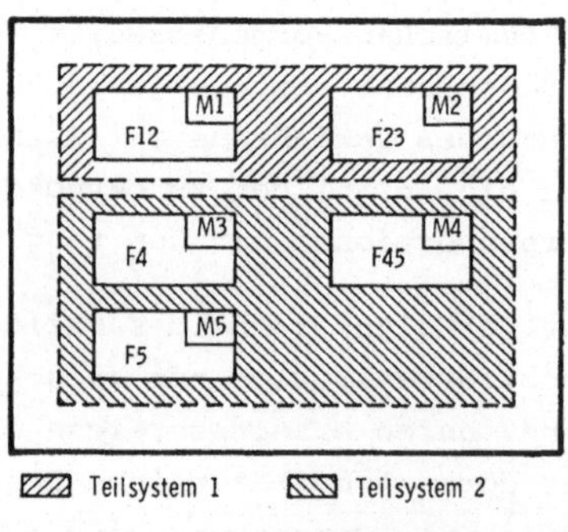

<u>Bild 57</u> : Bildung von zwei Teilsystemen des Ranges $R = 3$
           aus einem System mit Rang $R = 6$

Schließlich erfordert der Einsatz des funktionalen Kapazitätsabgleichs auch Vorarbeiten, die im Fall des maschinenorientierten
Verfahrens nicht oder nur teilweise erbracht werden müssen.
Dies betrifft vor allem die schon erwähnte Klassifizierung des
Werkstückspektrums bzw. der Bearbeitungsmaschinen hinsichtlich der
durchzuführenden Bearbeitungsfunktionen. Hierfür wird der Einsatz
des sog. "Fertigungsbeschreibenden Klassifizierungssystems" vorgeschlagen /23/. Mit Hilfe der dort vorgestellten Zuordnungssyste-
matik lassen sich für ein bekanntes Werkstückspektrum die im Fertigungssystem vorhandenen Bearbeitungsalternativen ermitteln und
damit die Bearbeitungsfunktionen entsprechend der in Abschnitt 4.1.2
getroffenen Definition festlegen. Die unterschiedliche Eignung der
Maschinen für die Durchführung einer bestimmten Bearbeitungsfunktion ist über einen Eignungsfaktor zu berücksichtigen, der das
Leistungsverhältnis der weniger geeigneten zur bestgeeigneten
Maschine ausdrückt.

Die vorliegende Arbeit befaßt sich mit einem Verfahren für rechnerunterstützte Aufstellung eines abgeglichenen Fertigungsprogrammes,
das als erste Stufe einer eigens für flexible Fertigungssysteme
eines repräsentativen Typs entwickelten, dreistufigen Konzeption
für die kurzfristige Fertigungssteuerung eingesetzt werden soll.

Die kurzfristige Fertigungssteuerung muß im flexiblen Fertigungssystem weitgehend automatisch und ohne Eingriff des Menschen ablaufen. Sie muß dabei den Fertigungsprozeß wesentlich stärker optimieren, als dies bei herkömmlicher Fertigung der Fall ist, um trotz
der hohen Entwicklungs- und Investitionskosten einen wirtschaftlichen Betrieb zu ermöglichen. Eine wesentliche Voraussetzung für
einen optimalen Fertigungsablauf ist ein Fertigungsprogramm, das
genau mit den vorhandenen Kapazitäten abgestimmt ist. Nur auf der
Grundlage eines abgestimmten Fertigungsprogramms kann die sich an
den Kapazitätsabgleich anschließende Arbeitsgangterminierung den
Ablaufplan so bestimmen, daß gleichzeitig eine hohe Kapazitätsausnutzung sowie eine kurze Durchlaufzeit der Aufträge erreicht wird.

Untersuchungen haben gezeigt, daß die Arbeitsgangterminierung dann
besonders gute Ergebnisse liefert, wenn sie auf der Basis variabler Arbeitspläne durchgeführt wird. Nach der herkömmlichen Vorgehensweise scheitert dies hauptsächlich daran, daß in den vorangehenden Planungsstufen ein für die Arbeitsgangterminierung fest
verbindlicher Arbeitsplan festgelegt wird. Dies gilt insbesondere
für den Kapazitätsabgleich, in dem die Aufträge bzw. Arbeitsgänge
festen Bearbeitungsmaschinen zugeordnet werden. Damit steht der
wichtigste planerische Freiheitsgrad, die "Alternativmaschine",
nicht mehr für die Arbeitsgangterminierung zur Verfügung.

Gelingt es also, einen Kapazitätsabgleich ohne feste Kapazitätszuordnung herbeizuführen, so kann mit vergleichsweise geringem
Aufwand eine sehr nahe am theoretischen Optimum liegender Ablaufplan bestimmt werden. Ein entsprechendes Verfahren wird in der
Arbeit systematisch entwickelt und vorgestellt. Wesentliches Merk-
mal dieses als "funktionaler" Kapazitätsabgleich bezeichneten Ver-

fahrens ist, daß die Aufträge nicht mehr den Bearbeitungsfunktionen zugeordnet sind. Dadurch wird von vornherein ein technischer Kapazitätsabgleich erzielt, so daß sich das eigentliche Ab-
gleichsverfahren auf den zeitlichen Kapazitätsabgleich beschränken kann. Gegenüber der üblichen "maschinenorientierten" Kapazitätszuordnung wird der Abgleichsalgorithmus stark vereinfacht.
Wie ein Beispiel zeigt, stellt sich der Abgleichserfolg bei funktionaler Kapazitätszuordnung schon nach wenigen Abgleichsschritten
ein, während bei maschinenorientierter Kapazitätszuordnung sehr
viel mehr Schritte notwendig sind.

Ein mit Hilfe der Simulation durchgeführter Vergleich beider Verfahren, für die EDV-Programme entwickelt wurden, bestätigt, daß
die funktionale Kapazitätszuordnung auch bei ungünstigen Randbedingungen der maschinenorientierten Kapazitätszuordnung in der
überwiegenden Mehrzahl der Einsatzfälle flexibler Fertigungssysteme überlegen ist. Kriterien sind dabei neben der Abgleichgüte die
benötigte Rechenzeit sowie die vorgenommenen Terminverschiebungen.
Das Verfahren des funktionalen Kapazitätsabgleichs weist Vorteile
insbesondere bei den Kapazitätsspektren auf, die den Fertigungssystemen des ausgewählten repräsentativen Typs entsprechen.

Es ist zu erwarten, daß das Verfahren bei geändertem Abgleichs-
algorithmus, insbesondere durch Einbeziehung des nichtlinearen
Abgleichs, vor allem im Hinblick auf die Abgleichsgüte sowie die
Terminverschiebungen noch günstigere Ergebnisse bringt. Erste
Testläufe haben dies bereits bestätigt.

6   <u>SCHRIFTTUM</u>

/ 1 /   GUTENBERG, E.: Grundlagen der Betriebswirtschaftslehre,
         Bd. 1. Die Produktion.
         Berlin, Heidelberg, New York: Springer, 1965.

/ 2 /   TUFFENTSAMMER, K.; MEERKAMM, H.: Spannvorrichtungen für
         das Bearbeiten von Werkstücken in flexiblen Ferti-
         gungssystemen.
         wt-z. ind.Fertig. 65 (1975) 1, S. 1-7.

/ 3 /   LUEG, H.; MOLL, W.: Maschinenbelegung über EDV.
         wi 3 (1973) 4, S. 55-67.

/ 4 /   DICKHUT, E.O.: Zur Problematik der optimalen Fertigungs-
         ablaufplanung in der Einzel- und Kleinserienfertigung.
         Diss. TH Aachen 1966.

/ 5 /   ROY, B.: Ablaufplanung.
         München, Wien, Oldenburg 1969.

/ 6 /   KRYCHA, K.-T.: Analytische und heuristische Verfahren
         zur Planung des Produktionsablaufes.
         Diss. Göttingen 1969.

/ 7 /   GONZALES, R.: Solution to the travelling salesman problem
         by dynamic programming of the hypercube.
         Interim Technical Report Nr. 18, OR Center, MIT, 1962.

/ 8 /   SMITH, W.E.: Applications of a posteriori probability.
         UCLA, Management Science Research Project Nr. 56,
         Sep. 1958.

/ 9 /   CHURCHMAN; ACKOFF; ARNOFF: Operations Research.
         Wien: Verlag R. Oldenburg, 1961.

/10/   AKERS, S.B.; FRIEDMANN, J.: A non-numerical approach to
         production scheduling problems.
         Operations Research 3, 1955.

/11/   KRELLE, W.: Ganzzahlige Programmierungen, Theorie und
         Anwendung in der Praxis.
         In: Unternehmensforschung Bd. 2, Nr. 4, 1958.

/12/   HAHN; ROSCHMANN, K.H.: Mathematische Methoden der
         Fertigungssteuerung.
         Werkstattstechnik 56 (1966), H. 2, S. 67-79 (Teil 1)
         und H. 3, S. 123-128 (Teil 2).

/13/   HOCH, P.: Betriebswirtschaftliche Methoden und Zielkri-
         terien der Reihenfolgeplanung bei Werkstatt- und
         Gruppenfertigung.
         Frankfurt/M. - Zürich: Verlag Harri Deutsch, 1973.

/14/   WARNECKE, H.J.; Graf, H.; KUNERTH, W.: Entwicklungstendenzen
         technisch-organisatorischer Informationssysteme.
         Beitrag zum Wirtschaftsinformatiksymposium der IBM,
         Herrenberg, 30.9.1974.

/15/   NIESS, P.S.; MAIER, U.; GIULIANI, O.:
         ATEX -Ein Terminierungsprogramm für flexible
         Fertigungssysteme.
         VDI-Z. 117 (1975) Nr. 20, S. 947-952.

/16/   GIULIANI, O.; MAIER, U.; NIESS, P.S.: Fertigungssteuerung
         bei flexiblen Fertigungssystemen.
         Forschungsberichte des Sonderforschungsbereichs 155 (1)
         Stuttgart 1974, (2) Stuttgart 1975, (3) Stuttgart 1977.

/17/   BIERMANN, J.; MAIER, U.: Datenorganisation für die kurz-
         fristige Planungsphase der Fertigungssteuerung bei
         flexiblen Fertigungssystemen.
         Unveröffentlicher Forschungsbericht am Institut für
         Industrielle Fertigung und Fabrikbetrieb der Universität
         Stuttgart, 1975.

/18/   MAIER, U.; NIESS, P.S.: Planungsmethoden der Fertigungs-
         steuerung bei flexiblen Fertigungssystemen.
         Ind. Anz. 97 (10.10.1975) Nr. 82, S. 1777-1778.

/19/   GIULIANI, O.: Ein Arbeitsverteilsystem für flexible
         Fertigungssysteme.
         wt-Z. ind. Fertig. 67 (1977) 8, S. 461-466.

/20/   ALLEN, M.: The efficient utilization of labor under
         conditions of fluctuating demand.
         In: Industrial Scheduling (Hrsg.: Muth, J.F.; Thomspon,
         G.L.), Englewood Cliffs, N.J., 1973, S. 252-276.

/21/   CLERMONT, P.: Machine Substitution in a job shop.
         M.Sc. thesis, A.P. Sloan School of Management, MIT, 1966.

/22/   WAYSON, R.D.: The effect of alternate machines on two
         priority dispatching disciplines in the general job shops.
         M.Sc. thesis, Cornell University, Febr. 1965.

/23/   NIESS, P.S.; SCHMID, W.: Untersuchung der für die Ferti-
         gungssteuerung relevanten Merkmale flexibler Fertigungs-
         systeme. Unveröffentlichter Forschungsbericht am Institut
         für Industrielle Fertigung und Fabrikbetrieb an der Uni-
         versität Stuttgart, 1977.

/24/   MOLL, W.-P.: Flexible Maschinenbelegung.
         Beitrag zur Verbesserung der Maschinenbelegung durch
         systematische Lösung des Zuordnungsproblems "Bearbei-
         tungsaufgabe zu Bearbeitungsmöglichkeiten".

/25/   SCHARF, P.: Strukturalternativen integrierter, flexibler
         Fertigungssysteme und ihre Bewertung.
         Diss. Universität Stuttgart (1974).

/26/   AUTORENKOLLEKTIV: Rahmenkonzeption zum Schwerpunkt
         Flexible Fertigungssysteme (1975-1980)
         Gesellschaft für Kernforschung mbH, Projekt
         Prozeßlenkung mit DV-Anlagen (PDV), Mai 1974.

/27/   KUHNERT, H.: Projektierung flexiblet Fertigungssysteme.
         Ind.-Anz. 93 (20.7.1971) 60, S. 1512-1521.

/28/   NEUBRAND, P.: Flexibles Fertigungssystem für Getriebe-
         teile. Werkstatt und Betrieb 108 (1975) 8, S. 481-487.

/29/   HERRMANN, J.: Auswahlkriterien für Fertigungseinrichtungen
       im Bereich der Kleinserien.
       VDI-Berichte Nr. 166 (1971). S. 11-21.

/30/   SCHARF, P.; SCHULZ, E.: Integrierte, flexible Fertigungs-
       systeme - Stand und Entwicklungstendenzen.
       wt-Z. ind. Fertig. 63 (1973) H. 3, S. 130-136
       (Teil 1) und H. 4, S. 199-206 (Teil 2).

/31/   WALK, G.: Flexibles Fertigungssystem für Rotationsteile.
       Werkstatt und Betrieb 106 (1972) 1, S. 9-12.

/32/   HAURI, H.: Systemdenken im Werkzeugmaschinenbau.
       Industrielle Organisation 44 (1975) 4, S. 179-184.

/33/   MÖNKEMÖLLER, H.: Werkzeugmaschinen für ein automati-
       sches Fertigungssystem.
       Werkstatt und Betrieb 105 (1972) 3, S. 213-217.

/34/   SPUR, G.; PÄTZOLD, A.; ZASTROW, F.: Entwicklung eines
       modularen, flexiblen Fertigungssystems mit automati-
       sierter Informationsverarbeitung.
       ZwF 70: (1975) 1, S. 9-11.

/35/   SCHMOLL, F.: Technologie und Organisation des
       Maschinensystems ROTA-F-125-NC.
       Fertigungstechnik und Betrieb 21 (1971) 9, S. 544-553.

/36/   MÜLLER, A.; LAUBE, R.-J.: Moderne Werkstückflußeinrichtungen
       zur Leipziger Frühjahrsmesse 1971.
       Fertigungstechnik und Betrieb 21 (1971) 12, S. 725-727.

/37/   TAUBER, H.: DDR-Werkzeugmaschinen der spanenden
       Formgebung auf der Leipziger Frühjahrsmesse 1972.
       TZ f.prakt. Metallbearb. 66 (1972) 11, S. 504-508.

/38/   AUTORENKOLLEKTIV: Neue Werkzeugmaschmaschinen in der DDR zur
       Leipziger Frühjahrsmesse 1971. Die Technik (1971) 3, S.211.

/39/   TSCHINK, K.; KUHN, R.: Numerisch gesteuerte Bearbeitungs-
       zentren und Werkzeugmaschinensysteme für die Klein-
       und Mittelserienfertigung.
       Die Technik 27 (1972) 7, S. 445-451.

/40/   REISZIG, L.; FRANZ, U.: Rechnergesteuertes Maschinen-
         system "Auerbach" M 250/02 CNC.
         Fertigungstechnik und Betrieb 22 (1972) 11, S.680-683.

/41/   PÄSSLER, E.: Fertigungstechnik in der DDR.
         Werkstatt und Betrieb 106 (1973) 9, S. 679-690.

/42/   N.N.: M 250/02 CNC.
         Exportinformation VEB Werkzeugmaschinenfabrik
         Auerbach, Betrieb des VEB Werkzeugmaschinenkombinats
         "Fritz Heckert", Karl-Marx-Stadt, 1973.

/43/   TSCHINK, K.; SPECK, M.; KLAUS, R.: Integriertes Maschinen-
         system. VDI-Nachrichten Nr. 31 (1. Aug. 1973), S.10-12.

/44/   KOSCHNIK, G.: Prisma 2 - ein integriertes NC-Fertigungs-
         system. ZwF 69 (1974) 9, S. 442-446.

/45/   NIESS, P.S.; SCHMID, W.: Untersuchung der für die Ferti-
         gungssteuerung relevanten Merkmale flexibler Fertigungs-
         systeme. Unveröffentlichter Forschungsbericht am Institut
         für Industrielle Fertigung und Fabrikbetrieb an der Uni-
         versität Stuttgart, 1977.

/46/   HOPFE, B.: Neue spanende NC-Werkzeugmaschinen und Maschinen-
         systeme der Deutschen Demokratischen Republik auf der
         Leipziger Frühjahrsmesse 1971.
         TZ f.prakt. Metallbearb. 65 (1971) 8, S. 379-384.

/47/   SCHWABE, H.: Automatisches Maschinensystem für die Bear-
         beitung von Futterteilen in kleinen Werkstückserien.
         Fertigungstechnik und Betrieb 21 (1971) 9, S. 540-543.

/48/   KLAUS, P.: Automatischer Werkstückfluß für Maschinen-
         systeme ROTA-F-125-NC.
         Fertigungstechnik und Betrieb 21 (1971) 9, S. 559-560.

/49/   TSCHINK, K.: Problemlösungen des Werkezugmaschinenbaus
         Zur komplexen Bearbeitung von Werkstücken in Klein-
         und Mittelserien.
         Fertigungstechnik und Betrieb 21 (1971) 9, S. 515-526.

/50/   N.N.: Fertigungssystem für rotationssymmetrische Futterteile.
         Werkstatt und Betrieb 105 (1972) 4, S. 305-307.

/51/   JUNGHANNS, W.; MICHELS, W.: Innovationen in der Werkzeug-
         maschinenindustrie - Bedeutung, Probleme und Möglich-
         keiten im Rahmen der Unternehmensplanung.
         TZ.f.prakt. Metallbearb. 66 (1972) 2, S. 45-54.

/52/   SPUR, G.; FELDMANN, K.; MATHES, H.: Entwicklungszustand
         integrierter Fertigungssysteme.
         ZwF 68 (1973) 5, S. 229-236.

/53/   RAUSCHER, K.; LANG, R.: Belegungsoptimierung für das
         Maschinensystem ROTA-F-125-NC.
         Msr 16 (1973) 7, S. 272-275.

/54/   BRANDNER, G.; NOWAK, L.; WITTIG, K.-H.:
         Das Maschinensystem ROTA FZ 200 - variabel im Aufbau
         und Einsatz.
         TZ.f. prakt. Metallbearb. 66 (1972) 11, S. 509-513.

/55/   RIETZEL, D.: Maschinensystem FZ 200 - eine flexible
         Rationalisierungseinrichtung der Klein- und Mittel-
         serienfertigung.
         Fertigungstechnik und Betrieb 24 (1974) 6, S. 342-343.

/56/   N.N.: Werkzeugmaschinen, Werkzeuge und Spannzeuge aus
         der Deutschen Demokratischen Republik.
         Exportinformation VEB Werkzeugmaschinenkombinat
         "2. Oktober", Berlin, 1974.

/57/   N.N.: Maschinensystem ROTA W-Q-63/1 System NILES.
         Exportinformation VEB Werkzeugmaschinenkombinat
         "7. Oktober", Berlin, Kombinationsbetrieb Mikrosa,
         Leipzig, 1974.

/58/   KASISCHKE, K.: 6. Japanische Internationale Werkzeug-
         maschinen-Ausstellung - starke Fortentwicklung der
         NC-Technologie.
         TZ.f. prakt. Metallbearb. 67 (1973) 5, S. 192-198.

/59/   N.N.: Der gegenwärtige Status Quo der Japanischen Technologie für Gruppensteuerungssysteme von Werkzeugmaschinen.
Japan todays machine tool industry (1973), S. 46-55.

/60/   NAGAOKA, S.: Behaviour of Japanese machine tool
builders in recent years.
wt-Z.ind. Fertig. 63 (1973) 5, S. 533-535,

/61/   N.N.: Flexibles Fertigungssystem kleinerer Stückzahlen.
VDI-Nachrichten Nr. 23 (6. Juni 1975), S. 22.

/62/   MURAKI, S.; URASAWA, Y.: Seiki Production Master System.
Unveröffentliche Übersetzung aus einer Studie der
Fa. Hitachi Seiki Co., 1975.

/63/   PERRY, C.B.: Tape controlled transfer machine.
Automation 6 (June 1958) 6, S. 34-39.

/64/   LEONE, W.C.: Building-block controls.
Automation 6 (November 1958) 11, S. 75-79.

/65/   EISENGREIN, R.H.: Attacking the middle ground of production.
Automation 20 (June 1973) 6, S. 60-64.

/66/   N.N.: Rechnergesteuerte Fertigungskette für mittlere
Losgrößen.
wt-Z.ind. Fertig. 64 (1974), S. 291.

/67/   STUTE, G.; VICTOR, H.R.; WARNECKE, H.H.:
1. EMO Paris, Eindrücke und Tendenzen.
wt-Z. ind. Fertig. 65 (1975), S. 601-610.

/68/   BROSHEER, BEN C.: Eine vollautomatische, numerisch
gesteuerte Fabrikanlage.
TZ.f. prakt. Metallbearb. 62 (1968) 3, S. 136-141.

/69/   GUIRL, G.W.: Programmed production.
Automation 7 (May 1969) 5, S. 60-63.

/70/   N.N.: Fertigungsketten mit NC-Maschinen.
        VDI-Nachrichten Nr. 25 (19. Juni 1969), S. 10 und 19.

/71/   DOLEZALEK, C.M.; ROPOHL, G.: Flexible Fertigungssysteme
        für die Zukunft der Fertigungstechnik.
        wt-Z. ind. Fertig. 60 (1970) Nr. 8, S. 446-451.

/72/   PERRY, C.B.: Variable Mission Manufacturing Systems.
        International Conference on Product Development
        and Manufacturing Technology, University of Strathclyde,
        5. Sept. 1967.

/73/   N.N.: NC-Schnellrüsttransfer, ein flexibles automatisches
        Fertigungssystem.
        Technica (1968) 3, S. 170-172.

/74/   GÖLITZER, E.: Ein neues numerisch gesteuertes Ferti-
        gungssystem.
        TZ.f. prakt. Metallbearb. 62 (1968) 2, S. 78-82.

/75/   KEEBLER, J.: Machining centres of all ages.
        Automation 16 (March 1968) 3, S. 56-66.

/76/   MONAKOV, G.A.; SOMIKOV, A.V.: An automated NC machining
        section.
        Machines and Tooling vol. XLIII (1973) Nr. 4, S.12-16.

/77/   GRACHEV, L.N.; GINDIN, D.E.: Program controls machining
        of axially symmetrical parts.
        Machines and Tooling vol. XLIII (1973) Nr. 4, S.9-12.

/78/   WILLIAMSON, D.T.N.: Ein neues Fertigungsverfahren.
        TZ.f.prakt. Metallbearb. 61 (1967) 9, S. 428-439.

/79/   WILLIAMSON, D.T.N.: Ein neues Fertigungsverfahren.
        TZ.f.prakt. Metallbearb. 62 (1968) 1, S. 39-43.

/80/   EVANS, L.: Production technology advancements:
        A forecast to 1988.
        Institute of Sciense and Technology, Industrial Develop-
        ment Division, Ann Arbor (Mich.), 1973.

/81/   LEDERER, K.G.: Fertigungssteuerung bei flexiblen Arbeits-
         strukturen. Problem, Vorgehensweise zur Umstrukturierung
         und ausgewählte Lösungen.
         Diss. Universität Stuttgart, 1977.

```
   30 NRAUF = 0
      VOL = 0.0
      DO 1000 I = IANF,IEND
      IF (IWEG(I).EQ.1) GO TO 1000
      IF (V(I).GE.VOL) GO TO 40
      GO TO 1000
   40 VOL = V(I)
      NRAUF = I
 1000 CONTINUE
C ERMITTELN DES ZUZUORDNENDEN ARBEITSGANGS
      CALL ARBGA
      IWEG(NRAUF) = 1
      IVER = IVER + 1
      IF (IVER.EQ.IP) GO TO 10
      GO TO 30
   50 WRITE(IW,1001)((MASCH(J,I),J = 1,IEF),I = 1,IALF)
 1001 FORMAT (3OI2)
      IF (IY.LT.8) GO TO 7
      IF (IX.LT.5) GO TO 9
      END



                    SUBROUTINE ARBGA



C ERMITTELN DES ZUZUORDNENDEN ARBEITSGANGS
      DO 100 I = 1,IEF
  100 IWE(I,NRAUF) = 0
      IA = 0
   10 VOLUM = 0.0
      IEIN = 0
      DO 200 I = 1,IEF
      IF (IWE(I,NRAUF).EQ.1) GO TO 200
      IF (A(I,NRAUF).GT.VOLUM) GO TO 20
      GO TO 200
   20 IEIN = I
      VOLUM = A(I,NRAUF)
  200 CONTINUE
C ERMITTELN DER GEEIGNETEN MASCHINE
      IA = IA + 1
      IF (IEIN.GT.0) CALL MASCHI
      IF (IA.LT.5) GO TO 10
      RETURN
      END
```

SUBROUTINE MASCHI

```
C ERMITTELN DER GEEIGNETEN MASCHINE
      NUMMA = 0
      IWE(IEIN,NRAJF) = 1
      DO 100 I = 1,IMA
      DO 200 J = 1,IEF
      IF (MA(J,I).EQ.0) GO TO 100
      IF (MA(J,I).EQ.IEIN) GO TO 10
      GO TO 200
   10 IF (NUMMA.EQ.0) GO TO 20
      IF (BELA(I,IPER).GE.BELA(NUMMA,IPER)) GO TO 100
   20 NUMMA = I
      GO TO 100
  200 CONTINUE
  100 CONTINUE
      BELA(NUMMA,IPER) = BELA(NUMMA,IPER) + A(IEIN,NRAUF)
      MASCH(IEIN,NRAJF) = NUMMA
      RETURN
      END
```

FUNKAP - Vorprogramm

```
      INTEGER EF,FK,FKALT
      DIMENSION IRFK(31),KOG(31),KUG(31),IFU(5,31),MA(5,5)
      IR = 5
      IA = 5
      READ (IR,7) IMA
    7 FORMAT (I2)
      IEF = 5
      IKU = 31
C EINLESEN DER MASCHINENDATEN
      IZ1 = 0
    5 READ (IR,9010) ((MA(I,J),I = 1,IEF),J = 1,IMA)
 9010 FORMAT (5CI1)
      IZ1 = IZ1 + 1
C VORGABE DES ELEMENTARSYSTEMS
      EF = 2
      FK = 3
      IFU(1,1) = 1
      IFU(2,1) = 0
      IFU(1,2) = 2
      IFU(2,2) = 0
      IFU(1,3) = 1
      IFU(2,3) = 2
      IRFK(1) = 1
      IRFK(2) = 1
      IRFK(3) = 2
C BERECHNEN DER FUNKTIONSKOMBINATIONEN
C DIE BIS JETZT ERREICHTE ZAHL EF DER EINZELFUNKTIONEN BZW.
C DIE DAZUGEHOERIGE ZAHL FK DER FUNKTIONSKOMBINATIONEN
C WERDEN UM JE EINE ELEMENTSTUFE ERHOEHT
   10 EF = EF + 1
      FK = 2*FK + 1
      IFU(1,FK) = EF
      IRFK(FK) = 1
      NERST = (FK - 1)/2 + 1
      NVORL = FK - 1
      DO 100 I = NERST,NVORL
      DO 200 J = 1,EF
      FKALT = I - (FK-1)/2
      IRFK(I) = IRFK(FKALT) + 1
      IF (J.GT.IRFK(FKALT)) GO TO 20
      IFU(J,I) = IFU(J,FKALT)
  200 CONTINUE
   20 IFU(J,I) = EF
  100 CONTINUE
      IF (FK.LT.IKU) GO TO 10
C BERECHNEN DER KAPAZITAETSOBERGRENZEN
      DO 300 I1 = 1,IKU
      KOG(I1) = 0
      ILK = IRFK(I1)
      DO 400 I2 = 1,IMA
```

```
      DO 500 I3 = 1,ILK
      DO 500 I4 = 1,IEF
      IF (IFU(I3,I1).EQ.MA(I4,I2)) GO TO 30
  600 CONTINUE
  500 CONTINUE
      GO TO 400
   30 KOG(I1) = KOG(I1) + 1
  400 CONTINUE
  300 CONTINUE
C BERECHNEN DER KAPAZITAETSUNTERGRENZEN
      DO 700 K1 = 1,IKO
      KUG(K1) = 0
      IFT = IRFK(K1)
      DO 800 K2 = 1,IMA
      DO 900 K3 = 1,IEF
      DO 1000 K4 = 1,IFT
      IF (MA(K3,K2).EQ.0) GO TO 40
      IF (MA(K3,K2).EQ.IFU(K4,K1)) GO TO 50
      GO TO 1000
   40 KUG(K1) = KUG(K1) + 1
      GO TO 800
   50 IF (K3.EQ.IEF) GO TO 40
      GO TO 900
 1000 CONTINUE
      GO TO 800
  900 CONTINUE
  800 CONTINUE
  700 CONTINUE
C AUSGABE DER IM HAUPTPROGRAMM BENOETIGTEN ERGEBNISSE
      WRITE (IW,1002) (KOG(I),I = 1,IKO),IZ1
      WRITE (IW,1002) (KUG(I),I = 1,IKO),IZ1
 1002 FORMAT (31I2,7H SYSTEM,I2)
      IF (IZ1.LT.8) GO TO 5
      END
```

```
C MAKAP HAUPTPROGRAMM


C EINGABE DER ANFANGSDATEN FUER KONSTANTEN UND VARIABLE

      IR = 5
      IW = 6
      IEF = 5
      IMA = 6
      IT = 10
      TM = 0.5
      TA = 3*IMA*IT/100
      AB2 = 1.001*TM
      IA = 0
      DO 200 I = 1,IT
      DO 100 J = 1,IMA
  100 BELA(J,I) = 0.0
  200 CONTINUE
      DO 400 I = 1,IT
      DO 300 J = 1,IMA
  300 PM(J,I) = 1
  400 PP(I) = 1
      CALL EINLES
      END




      SUBROUTINE EINLES




C MASCHINEN- UND AUFTRAGSDATEN EINLESEN

      READ (IR,10) ((MA(I,J),I = 1,IEF),J = 1,IMA)
   10 FORMAT (30I1)
      READ (IR,20) (IZM(I),I = 1,IMA)
   20 FORMAT (6I1)
      READ (IR,30) ((IAJSW(I,J),I = 1,5),J = 1,IMA)
   30 FORMAT (30I1)
      READ (IR,40) (IANR2(I) ,I = 1,IT)
   40 FORMAT (10I2)
      IAUF = 0
      DO 100 I = 1,IT
  100 IAUF = IAUF + IANR2(I)
      DO 200 I = 1,IAUF
      READ (IR,150) IANR(I),(AUFTR(J,I),J = 1,IEF)
```

```fortran
  150 FORMAT (I3,3X,5F5.2)
  200 CONTINUE
      READ (IR,260) ((MASCH(I,J),I = 1,IEF),J = 1,IAUF)
  260 FORMAT (60I1)
      CALL BELAST
      RETURN
      END




      SUBROUTINE BELAST




C ERMITTELN DER MASCHINENBELASTUNGEN

      IEND = 0
      DO 300 I = 1,IT
      IANF = IEND + 1
      IEND = IEND + IANR2(I)
      DO 200 J = IANF,IEND
      DO 100 K = 1,IEF
      IF (MASCH(K,J).EQ.0) GO TO 100
      IZA = MASCH(K,J)
      BELA(IZA,I) = BELA(IZA,I) + AUFTR(K,J)
  100 CONTINUE
  200 CONTINUE
  300 CONTINUE

C BESTIMMUNG DES SOLLWERTES
      SUM = 0.0
      DO 500 I = 1,IT
      DO 400 J = 1,IMA
  400 SUM = SUM + BELA(J,I)
  500 CONTINUE
      SOLLW = SUM/(IT*IMA)
      IF (SOLLW.GE.1.0) SOLLW = 1.0
      DO 700 I = 1,IT
      DO 600 J = 1,IMA
  600 UBER(J,I) = BELA(J,I) - SOLLW
  700 CONTINUE

C ANFANGSPERIODEN DER AUFTRAEGE BESTIMMEN

C DAS FELD IAN ENTHAELT DIE NUMMERN DER PERIODEN, IN DENEN SICH DIE
C AUFTRAEGE ZU BEGINN DES ABGLEICHS BEFINDEN
      IN = 0
      ITT = 0
   10 ITT = ITT + 1
      IS = IN + 1
      IN = IS - 1 + IANR2(ITT)
```

```
      DO 800 I = IS,IN
      I4 = IANR(I)
      IAN(I4) = ITT
  800 CONTINUE
      IF (ITT.LT.10) GO TO 10

C A IST DIE SUMME ALLER BELASTUNGSABWEICHUNGEN (GEGENUEBER DEM SOLL -
C WERT SOLLW)

      A = 0.0
      DO 1000 I = 1,IT
      DO 900 J = 1,IMA
  900 A = A + ABS(JBER(J,I))
 1000 CONTINUE
      CALL STEUER
      RETURN
      END




      SUBROUTINE STEUER




C TOLERANZABFRAGEN

   10 IF (A.GT.TA) GO TO 20
      IF (AB2.LT.TM) CALL PERAB
   20 DO 100 I = 1,IT
      IF (PP(I).EQ.1) GO TO 110
  100 CONTINUE
      GO TO 120
  110 PT = 1
  120 IF (PT.EQ.0) GO TO 1610

C ES WERDEN DIE MAXIMALEN BELASTUNGSABWEICHUNGEN FESTEGESTELLT

      AB = 0.0
      AB1 = 0.0
      AB2 = 0.0
      DO 300 I = 1,IT
      DO 200 J = 1,IMA
      P1 = UBER(J,I)
      P = ABS(P1)
      IF (P.GT.AB) AB = P
      IF (P1.GE.0.0) GO TO 5
      GO TO 200
    5 IF (P1.GT.AB2) AB2 = P1
  200 CONTINUE
  300 CONTINUE
```

```
C ES WIRD DIE GROESSTE BELASTUNGSABWEICHUNG, DIE TECHNOLOGISCH ABGLEIC
C BAR IST, FESTGESTELLT, SOWIE DIE DAZUGEHOERENDE PERIODE UND MASCHINE

      DO 500 I = 1,IT
      SUM = 0.0
      DO 400 J = 1,IMA
      P = ABS(UBER(J,I))
      IF (P.GT.AB1) GO TO 310
      IF (P.EQ.0.0) PM(J,I) = 0
      GO TO 330
  310 IF (PM(J,I).EQ.1) GO TO 320
      GO TO 330
  320 AB1 = P
      NABGL = J
      IPER = I
  330 SUM = SUM + PM(J,I)
  400 CONTINUE
      IF (SUM.EQ.0.0) PP(I) = 0
  500 CONTINUE
      IF (BELA(NABGL,IPER).LT.SOLLW) GO TO 1110

C********** PROGRAMMABSCHNITT VWTAUS **********

      VWTAUS = 0.0
      IZAHL = IZM(NABGL)
      IF (IZAHL.EQ.0) GO TO 1010
      IF (IPER.EQ.1) GO TO 610
      IP = IPER - 1
      SUM = 0
      DO 600 I = 1,IP
  600 SUM = SUM + IANR2(I)
      IANF = SUM + 1
      IEND = SUM + IANR2(IPER)
      GO TO 620
  610 IANF = 1
      IEND = IANR2(IPER)

C ES WERDEN DIE MASCHINEN BESTIMMT, IN DIE AUSGELASTET WERDEN KANN

  620 DO 1000 I = 1,IZAHL
      M = IAUSW(I,NABGL)
      IF (UBER(M,IPER).GE.0.0) GO TO 1000
      DO 900 J = 1,IEF
      IF (MA(J,M).EQ.0) GO TO 1000
      DO 800 K = 1,IEF
      IF (MA(K,NABGL).EQ.0) GO TO 900
      IF (MA(K,NABGL).EQ.MA(J,M)) GO TO 630
      GO TO 800

C ALLE ARBEITSGAENGE DER ABZUGLEICHENDEN MASCHINE WERDEN ZUR BEWERTUNG
C PROBEWEISE VERLAGERT

  630 DO 700 L = IANF,IEND
      IFUNK = MA(J,M)
      IF (AUFTR(IFUNK,L).EQ.0.0) GO TO 700
      IF (MASCH(IFUNK,L).NE.NABGL) GO TO 700
      BEL1 = BELA(M,IPER) + AUFTR(IFUNK,L)
      BEL2 = BELA(NABGL,IPER) - AUFTR(IFUNK,L)
```

```
      U3 = ABS(UBER(M,IPER)) + ABS(UBER(NABGL,IPER))
      U4 = ABS(BEL1 - SOLLW) + ABS(BEL2 - SOLLW)
      VW = U3 - J4
      IF (VW.GT.VWTAUS) GO TO 640
      GO TO 700
  640 VWTAUS = VW
      NRAUF = L
      NRARB = IFJNK
      NR = M
  700 CONTINUE
  800 CONTINUE
  900 CONTINUE
 1000 CONTINUE
      IF (VWTAUS.GT.0.0) CALL AUSLAS
      GO TO 1010
 1010 PM(NABGL,IPER) = 0
      SUM = 0.0
      DO 1100 J = 1,IMA
 1100 SUM = SUM + PM(J,IPER)
      IF (SUM.EQ.0.0) PP(IPER) = 0
      GO TO 10

C********** PROGRAMMABSCHNITT VWTEIN **********

 1110 VWTEIN = 0.0
      IZAHL = IZM(NABGL)
      IF (IZAHL.EQ.0) GO TO 1010
      IF (IPER.EQ.1) GO TO 1210
      IP = IPER - 1
      SUM = 0.0
      DO 1200 I = 1,IP
 1200 SUM = SUM + IANR2(I)
      IANF = SUM + 1
      IEND = SUM + IANR2(IPER)
      GO TO 1220
 1210 IANF = 1
      IEND = IANR2(IPER)

C ES WERDEN DIE MASCHINEN BESTIMMT, AUS DENEN EINGELASTET WERDEN KANN

 1220 DO 1600 I = 1,IZAHL
      M = IAUSW(I,NABGL)
      IF (UBER(M,IPER).LE.0.0) GO TO 1600
      DO 1500 J = 1,IEF
      IF (MA(J,M).EQ.0) GO TO 1600
      DO 1400 K = 1,IEF
      IF (MA(K,NABGL).EQ.0) GO TO 1500
      IF (MA(K,NABGL).EQ.MA(J,M)) GO TO 1230
      GO TO 1400

C ALLE ARBEITSGAENGE AUS GEEIGNETEN MASCHINEN WERDEN ZUR BEWERTUNG
C PROBEWEISE VERLAGERT

 1230 DO 1300 L = IANF,IEND
      IFUNK = MA(J,M)
      IF (AUFTR(IFUNK,L).EQ.0.0) GO TO 1300
      IF (MASCH(IFUNK,L).NE.M) GO TO 1300
      BEL1 = BELA(NABGL,IPER) + AUFTR(IFUNK,L)
      BEL2 = BELA(M,IPER) - AUFTR(IFUNK,L)
```

```
      U3 = ABS(UBER(M,IPER)) + ABS(UBER(NABGL,IPER))
      U4 = ABS(BEL1 - SOLLW) + ABS(BEL2 - SOLLW)
      VW = U3 - U4
      IF (VW.GT.VWTEIN) GO TO 1240
      GO TO 1300
 1240 VWTEIN = VW
      NRAUF = L
      NRARB = IFUNK
      MR = M
 1300 CONTINUE
 1400 CONTINUE
 1500 CONTINUE
 1600 CONTINUE
      IF (VWTEIN.EQ.0.0) GO TO 1010
      CALL EINLAS
      GO TO 10

C*********** PROGRAMMABSCHNITT PERSUM **********

 1610 IPER = 0
      IPEN = 0
      UB = 0.0
      UN = 0.0
      DO 1800 I = 1,IT
      SUM1 = 0.0
      SUM2 = 0.0
      DO 1700 J = 1,IMA
      IF (UBER(J,I).GT.0.0) GO TO 1620
      GO TO 1700
 1620 SUM1 = SUM1 +  UBER(J,I)
 1700 CONTINUE
      UNSUM(I) = SUM2
      UBSUM(I) = SUM1
      IF (UBSUM(I).GT.UB) GO TO 1710
      GO TO 1720
 1710 UB = UBSUM(I)
      IPER = I
 1720 IF (UNSUM(I).GT.UN) GO TO 1730
      GO TO 1800
 1730 UN = UNSUM(I)
      IPEN = I
 1800 CONTINUE
      IF (UB.GE.UN) GO TO 1810
      NREIN = IPEN
      GO TO 2820
 1810 NRAUS = IPER

C*********** PROGRAMMABSCHNITT VWZAUS **********

      VWZAUS = - 300.0
      IF (NRAUS.EQ.1) GO TO 1920
      IP = NRAUS - 1
      UBS = 0.0
      UNS = 0.0
      DO 1900 I = 1,IP
      UBS = UBS + UBSUM(I)
 1900 UNS = UNS + UNSUM(I)
      IF (UBS.GE.UNS) GO TO 1910
      NREIN = IP
      GO TO 1930
```

```
 1910 NREIH = NRAUS + 1
      GO TO 1930
 1920 NREIH = 2
 1930 SUM = 0
      DO 2000 I = 1,IP
 2000 SUM = SUM + IANR2(I)
      IANF = SUM + 1
      IEND = SUM + IANR2(NRAUS)
      IF (NRAUS.EQ.1) IANF = 1
      IF (NRAUS.EQ.1) IEND = IANR2(1)
      IF (NREIH.EQ.11) GO TO 2410

C ALLE AUFTRAEGE DER ABZUGLEICHENDEN PERIODE WERDEN PROBEWEISE AUS-
C GELASTET UND BEWERTET

      DO 2400 I = IANF,IEND
      IF (IANR(I).EQ.PSPERR(NREIN)) GO TO 2400
      DO 2100 J = 1,IMA
      IF (NREIH.EQ.11) GO TO 2100
      U1(J) = UBER(J,NREIN)
 2100 U2(J) = UBER(J,NRAUS)
      DO 2200 K = 1,IEF
      IB = MASCH(K,I)
      IF (IB.EQ.0) GO TO 2200
      U1(IB) = U1(IB) + AUFTR(K,I)
      U2(IB) = U2(IB) + AUFTR(K,I)
 2200 CONTINUE
      VW = 0.0
      DO 2300 L = 1,IMA
 2300 VW = VW + ABS(UBER(L,NRAUS)) + ABS(UBER(L,NREIN)) - ABS(U1(L))
     1-ABS(U2(L))
      IF (VW.GT.VWZAJS) GO TO 2340
      GO TO 2400
 2340 VWZAUS = VW
      NRAUF = I
 2400 CONTINUE
      GO TO 2810
 2410 DO 2800 I = IANF,IEND
      DO 2500 J = 1,IMA
      IF (NREIH.EQ.11) GO TO 2500
      U1(J) = UBER(J,NREIN)
 2500 U2(J) = UBER(J,NRAUS)
      DO 2700 K = 1,IEF
      IB = MASCH(K,I)
      IF (IB.EQ.0) GO TO 2700
      U2(IB) = U2(IB) - AUFTR(K,I)
      VW = 0.0
      DO 2600 L = 1,IMA
 2600 VW = VW + ABS(UBER(L,NRAUS)) - ABS(U2(L))
 2700 CONTINUE
      IF (VW.GT.VWZAJS) GO TO 2710
      GO TO 2800
 2710 VWZAUS = VW
      NRAUF = I
 2800 CONTINUE
 2810 IF (VWZAUS.LT.0.0) PSPERR(NRAUS) = IANR(NRAUF)
      CALL AUSZEI
      GO TO 10
```

```
C*********** PROGRAMMABSCHNITT VWZEIN **********

 2820 VWZEIN = - 3000.0
      IF (NREIN.EQ.1) GO TO 2920
      IP = NREIN - 1
      UBS = 0.0
      UNS = 0.0
      DO 2900 I = 1,IP
      UBS = UBS + JBSUM(I)
      UNS = UNS + JNSUM(I)
 2900 CONTINUE
      IF (UBS.GE.UNS) GO TO 2910
      NRAUS = NREIN + 1
      GO TO 2930
 2910 NRAUS = IP
      GO TO 2930
 2920 NRAUS = 2
 2930 IF (NREIN.EQ.IT) NRAUS = NREIN - 1
      SUM = 0.0
      IF (NRAUS.EQ.1) GO TO 3010
      IX = NRAUS - 1
      DO 3000 I = 1,IX
 3000 SUM = SUM + IANR2(I)
      IANF = SUM + 1
      IEND = SUM + IANR2(NRAUS)
      GO TO 3020
 3010 IANF = 1
      IEND = IANR2(1)

C ALLE AUFTRAEGE DER ABZUGLEICHENDEN PERIODE WERDEN PROBEWEISE EIN-
C GELASTET UND BEWERTET

 3020 DO 3400 I = IANF,IEND
      IF (IANR(I).EQ.PSPERR(NREIN)) GO TO 3400
      DO 3100 J = 1,IMA
      U1(J) = UBER(J,NRAUS)
 3100 U2(J) = UBER(J,NREIN)
      DO 3200 K = 1,IEF
      IB = MASCH(K,I)
      IF (IB.EQ.0) GO TO 3200
      U1(IB) = U1(IB) - AUFTR(K,I)
      U2(IB) = U2(IB) + AUFTR(K,I)
 3200 CONTINUE
      VW = 0.0
      DO 3300 L = 1,IMA
 3300 VW = VW + ABS(JBER(L,NREIN)) + ABS(UBER(L,NRAUS)) - ABS(U1(L))
     1- ABS(U2(L))
      IF (VW.GT.VWZEIN) GO TO 3310
      GO TO 3400
 3310 VWZEIN = VW
      NRAUF = I
 3400 CONTINUE
      CALL EINZEI
      GO TO 10
      RETURN
      END
```

```
                    SUBROUTINE AJSLAS




C DER BESTGEEIGNETE AUFTRAG WIRD TECHNOLOGISCH AUSGELASTET

      A = A - VWTAJS
      BELA(MR,IPER) = BELA(MR,IPER) + AUFTR(NRARB,NRAUF)
      BELA(NABGL,IPER) = BELA(NABGL,IPER) - AUFTR(NRARB,NRAUF)
      UBER(MR,IPER) = BELA(MR,IPER) - SOLLW
      UBER(NABGL,IPER) = BELA(NABGL,IPER) - SOLLW
      MASCH(NRARB,NRAUF) = MR
      SUM1 = 0.0
      SUM2 = 0.0
      DO 100 I = 1,IMA
      IF (UBER(I,IPER).GT.0.0) GO TO 10
      SUM2 = SUM2 - JBER(I,IPER)
      GO TO 100
   10 SUM1 = SUM1 + JBER(I,IPER)
  100 CONTINUE
      UBSUM(IPER) = SUM1
      UNSUM(IPER) = SUM2
      RETURN
      END




                    SUBROUTINE EINLAS




C DER BESTGEEIGNETE AUFTRAG WIRD TECHNOLOGISCH EINGELASTET

      A = A - VWTEIN
      BELA(MR,IPER) = BELA(MR,IPER) - AUFTR(NRARB,NRAUF)
      BELA(NABGL,IPER) = BELA(NABGL,IPER) + AUFTR(NRARB,NRAUF)
      UBER(MR,IPER) = BELA(MR,IPER) - SOLLW
      UBER(NABGL,IPER) = BELA(NABGL,IPER) - SOLLW
      MASCH(NRARB,NRAUF) = NABGL
      SUM1 = 0.0
      SUM2 = 0.0
      DO 100 I = 1,IMA
      IF (UBER(I,IPER).GT.0.0) GO TO 10
      SUM2 = SUM2 - JBER(I,IPER)
      GO TO 100
   10 SUM1 = SUM1 + JBER(I,IPER)
  100 CONTINUE
```

```
      UBSUM(IPER) = SUM1
      UNSUM(IPER) = SUM2
      RETURN
   20 PM(NABGL,IPER) = 0
      SUM = 0.0
      DO 200 J = 1,IMA
  200 SUM = SUM + PM(J,IPER)
      IF (SUM.EQ.0.0) PP(IPER) = 0
      RETURN
      END




      SUBROUTINE AUSZEI




C IN DIESEM UNTERPROGRAMM WERDEN DIE DURCH DIE ZEITLICHE AUSLASTUNG
C ENTSTEHENDEN BELASTUNGSVERAENDERUNGEN BERECHNET

      A = A - VWZAUS
      NZEI = NZEI + 1
      IF (NREIN.EQ.11) GO TO 310
      DO 100 I = 1,IEF
      IX = MASCH(I,NRAUF)
      IF (IX.EQ.0) GO TO 100
      BELA(IX,NRAUS) = BELA(IO,NRAUS) - AUFTR(I,NRAUF)
      UBER(IX,NRAUS) = BELA(IX,NRAUS) - SOLLW
      BELA(IO,NREIN) = BELA(IO,NREIN) + AUFTR(I,NRAUF)
      UBER(IX,NREIN) = BELA(IX,NREIN) - SOLLW
  100 CONTINUE
      SUM1 = 0.0
      SUM2 = 0.0
      DO 200 I = 1,IMA
      IF (UBER(I,NRAUS).GT.0.0) GO TO 110
      SUM2 = SUM2 - JBER(I,NRAUS)
      GO TO 200
  110 SUM1 = SUM1 + JBER(I,NRAUS)
  200 CONTINUE
      UBSUM(NRAUS) = SUM1
      UNSUM (NRAUS) = SUM2
      SUM1 = 0.0
      SUM2 = 0.0
      DO 300 I = 1,IMA
      IF (UBER(I,NREIN).GT.0.0) GO TO 210
      SUM2 = SUM2 - JBER(I,NREIN)
      GO TO 300
  210 SUM1 = SUM1 + JBER(I,NREIN)
  300 CONTINUE
      UBSUM(NREIN) = SUM1
      UNSUM(NREIN) = SUM2
      GO TO 510
```

```fortran
C AUSLASTUNG AUS DEM ABGLEICHSZEITRAUM IN DIE ZUKUNFT

  310 IA = IA + 1
      IAUS(IA) = NRAJF
      DO 400 I = 1,IEF
      IX = MASCH(I,NRAJF)
      IF (IX.EQ.0) GO TO 400
      BELA(IX,NRAUS) = BELA(IX,NRAUS) - AUFTR(I,NRAUF)
      UBER(IX,NRAUS) = BELA(IX,NRAUS) - SOLLW
  400 CONTINUE
      SUM1 = 0.0
      SUM2 = 0.0
      DO 500 I = 1,IMA
      IF (UBER(I,NRAJS).GT.0.0) GO TO 410
      SUM2 = SUM2 - UBER(I,NRAUS)
      GO TO 500
  410 SUM1 = SUM1 + UBER(I,NRAUS)
  500 CONTINUE
      UBSUM(NRAUS) = SUM1
      UNSUM(NRAUS) = SUM2
  510 CALL VERLAG
      RETURN
      END




                SUBROUTINE EINZEL




C IN DIESEM UNTERPROGRAMM WERDEN DIE DURCH DIE ZEITLICHE EINLASTUNG
C ENTSTEHENDEN BELASTUNGSVERAENDERUNGEN BERECHNET

      A = A - VWZEIN
      NZEI = NZEI + 1
      DO 100 I = 1,IEF
      IX = MASCH(I,NRAJF)
      IF (IX.EQ.0) GO TO 100
      BELA(IX,NREIN) = BELA(IX,NREIN) + AUFTR(I,NRAUF)
      UBER(IX,NREIN) = BELA(IX,NREIN) - SOLLW
      BELA(IX,NRAUS) = BELA(IX,NRAUS) - AUFTR(I,NRAUF)
      UBER(IX,NRAUS) = BELA(IX,NRAUS) - SOLLW
  100 CONTINUE
      SUM1 = 0.0
      SUM2 = 0.0
      DO 200 I = 1,IMA
      IF (UBER(I,NREIN).GT.0.0) GO TO 110
      SUM2 = SUM2 - UBER(I,NREIN)
      GO TO 200
  110 SUM1 = SUM1 + UBER(I,NREIN)
  200 CONTINUE
      UBSUM(NREIN) = SUM1
```

```
      UNSUM(NREIN) = SUM2
      SUM1 = 0.0
      SUM2 = 0.0
      DO 300 I = 1,IMA
      IF (UBER(I,NRAUS).GT.0.0) GO TO 210
      SUM2 = SUM2 - JBER(I,NRAUS)
      GO TO 300
  210 SUM1 = SUM1 + JBER(I,NRAUS)
  300 CONTINUE
      UBSUM(NRAUS) = SUM1
      UNSUM(NRAUS) = SUM2
      PSPERR(NRAUS) = IANR(NRAUF)
      CALL VERLAG
      RETURN
      END




      SUBROUTINE VERLAG



C DIESES UNTERPROGRAMM FUEHRT DIE VERLAGERUNGSMASSNAHMEN DURCH, DIE
C DEN UNTERPROGRAMMEN AUSZEI UND EINZEI GEMEINSAM SIND

      IF (NREIN.EQ.11) GO TO 1010
      IF (NREIN.GT.NRAUS) GO TO 520

C VERLAGERUNG IN RICHTUNG GEGENWART

      DO 100 I = 1,IEF
      AUFTR(I,250) = AUFTR(I,NRAUF)
  100 MASCH(I,250) = MASCH(I,NRAUF)
      IANR(250) = IANR(NRAUF)
      N1 = NRAUF + 1
      SUM = 0.0
      IP = NREIN
      DO 200 I = 1,IP
  200 SUM = SUM + IANR2(I)
      J2 = NRAUF - SUM - 1
      IY = SUM + 1
      IF (IY.EQ.NRAUF) GO TO 510
      DO 400 I = 1,J2
      DO 300 J = 1,IEF
      AUFTR(J,N1 - I) = AUFTR(J,NRAUF - I)
  300 MASCH(J,N1 - I) = MASCH(J,NRAUF - I)
      IANR(N1 - I) = IANR(NRAUF - I)
  400 CONTINUE
      DO 500 I = 1,IEF
      AUFTR(I,IY) = AUFTR(I,250)
  500 MASCH(I,IY) = MASCH(I,250)
```

```fortran
      IANR(IY) = IANR(250)
  510 IANR2(NREIN) = IANR2(NREIN) + 1
      IANR2(NRAUS) = IANR2(NRAUS) - 1
      GO TO 1310

C VERLAGERUNG IN RICHTUNG ZUKUNFT

  520 DO 600 I = 1,IEF
      AUFTR(I,250) = AUFTR(I,NRAUF)
  600 MASCH(I,250) = MASCH(I,NRAUF)
      IANR(250) = IANR(NRAUF)
      SUM = 0.0
      IP = NRAUS
      DO 700 I = 1,IP
  700 SUM = SUM + IANR2(I)
      IK = SUM - 1
      DO 900 I = NRAUF,IK
      IANR(I) = IANR(I + 1)
      DO 800 J = 1,IEF
      AUFTR(J,I) = AUFTR(J,I + 1)
  800 MASCH(J,I) = MASCH(J,I + 1)
  900 CONTINUE
      DO 1000 I = 1,IEF
      AUFTR(I,SUM) = AUFTR(I,250)
 1000 MASCH(I,SUM) = MASCH(I,250)
      IANR(SUM) = IANR(250)
      IANR2(NREIN) = IANR2(NREIN) + 1
      IANR2(NRAUS) = IANR2(NRAUS) - 1
      GO TO 1310

C VERLAGERUNG AUS DEM ABGLEICHSZEITRAUM IN DIE ZUKUNFT

 1010 DO 1100 I = 1,IEF
      AUFTR(I,250) = AUFTR(I,NRAUF)
 1100 MASCH(I,250) = MASCH(I,NRAUF)
      IP = IAUF - 1
      DO 1300 I = NRAUF,IP
      IANR(I) = IANR(I + 1)
      DO 1200 J = 1,IEF
      AUFTR(J,I) = AUFTR(J,I + 1)
 1200 MASCH(J,I) = MASCH(J,I + 1)
 1300 CONTINUE
      IANR2(NRAUS) = IANR2(NRAUS) - 1
      IAUF = IAUF - 1
 1310 DO 1400 I = 1,IMA
      IF (NREIN.EQ.11) GO TO 1400
      PM(I,NREIN) = 1
 1400 PM(I,NRAUS) = 1
      IF (NREIN.EQ.11) GO TO 1410
      PP(NREIN) = 1
 1410 PP(NRAUS) = 1
      RETURN
      END
```

SUBROUTINE PERAB

```
C DAS ERGEBNIS DES KAPAZITAETSABGLEICHS WIRD AUSGEDRUCKT
      IN = 0
      ITT = 0
   10 ITT = ITT + 1
      IS = IN + 1
      IN = IS - 1+IANR2(ITT)
      WRITE(IW,20) (IANR(I),I = IS,IN)
   20 FORMAT (1H ,30I4)
      DO 100 I = IS,IN
      I4 = IANR(I)
      IF (ITT.EQ.IAN(I4)) GO TO 100
      NZEIT = NZEIT + 1
  100 CONTINUE
      IF (ITT.LT.10) GO TO 10
      RETURN
      END
```

FUNKAP - HAUPTPROGRAMM

```
C EINGABE DER ANFANGSDATEN FUER VARIABLE UND KONSTANTE

      IR = 5
      IW = 6
      I2 = 0
      IEF = 5
      IKO = 31
      P = 1
      IA = 0
      IB = 0
      P10 = 10
      TA = 3*IMA*P10/100
      TUB = 3*IMA*P10/100
      CALL EINLES
      END
```

SUBROUTINE EINLES

```
C EINLESEN DER SYSTEMDATEN

      READ (IR,10) ((IFU(I,J),I = 1,IEF),J = 1,IKO)
   10 FORMAT (60I1)
      READ (IR,20) (KOG(I),I = 1,IKO)
      READ (IR,20) (KUG(I),I = 1,IKO)
      READ (IR,20) (IRFK(I),I = 1,IKO)
   20 FORMAT (31I2)
      READ (IR,30) (IANRZ(I),I = 1,14)
   30 FORMAT (14I2)

C BELASTUNG DER PERIODEN EINLESEN

      READ (IR,40) (IAUF,IAUF1)
   40 FORMAT (2I3)
      DO 100 I = 1,IAUF
      READ (IR,50) IANR(I),(AUFTR(J,I),J = 1,IEF)
   50 FORMAT (I3,3X,5F5.2)
  100 CONTINUE
      J1 = IAUF1 + 15
      DO 200 I = 15,J1
      READ (IR,50) IANR1(I),(AUFTR1(J,I),J = 1,IEF)
```

```fortran
  200 CONTINUE
      CALL BELAST
      RETURN
      END




            SUBROUTINE BELAST




C********** PROGRAMMABSCHNITT EINZEL **********
C GESAMTBELASTUNG DER EINZELFUNKTIONEN BERECHNEN

      DO 100 I = 1,IEF
      SUM = 0
      DO 200 J = 1,IAUF
  200 SUM = SUM + AUFTR(I,J)
  100 SUEIFU(I) = SUM

C********** PROGRAMMABSCHNITT BELFUK **********
C GESAMTBELASTUNG DER FUNKTIONSKOMBINATIONEN BERECHNEN

      DO 400 I = 1,IKO
      SUM = 0
      DO 300 J = 1,IEF
      SUM = SUM + SUEIFJ(IFU(J,I))
      IF (J.EQ.IRF<(I)) GO TO 310
  300 CONTINUE
  310 BFK(I) = SUM
  400 CONTINUE

      IF (P.GT.1) GO TO 1410
C********** PROGRAMMABSCHNITT FUNKOM **********
C BELASTUNG DER FUNKTIONSKOMBINATIONEN DURCH EINZELNE AUFTRAEGE
C BERECHNEN

      DO 700 I = 1,IAUF
      DO 600 J = 1,IKO
      SUM = 0
      IST = IRFK(J)
      DO 500 K = 1,IST
      ISU = IFU(K,J)
  500 SUM = SUM + AUFTR(ISU,I)
      AUFFUK(J,I) = SUM
  600 CONTINUE
  700 CONTINUE
      I1 = IAUF1 + 15
      DO 1000 I = 16,I1
      DO 900 J = 1,IKO
      SUM = 0
```

```fortran
      IST = IRFK(J)
      DO 800 K = 1,IST
      ISU = IFU(K,J)
  800 SUM = SUM + AUFTR1(ISU,I)
      AUFFU1 (J,I) = SUM
  900 CONTINUE
 1000 CONTINUE

C********** PROGRAMMABSCHNITT VOLUM **********
C VOLUMEN EINZELNER AUFTRAEGE BERECHNEN

      DO 1200 I = 1,IAUF
      V(I) = 0
      DO 1100 J = 1,IEF
 1100 V(I) = V(I) + AUFTR(J,I)
 1200 CONTINUE
      I1 = IAUF1 + 15
      DO 1400 I = 16,I1
      V1(I) = 0.0
      DO 1300 J = 1,IEF
 1300 V1(I) = V1(I) + AJFTR1(J,I)
 1400 CONTINUE
      GO TO 3010

C********** PROGRAMMABSCHNITT WEITER **********

 1410 I2 = 0
      P = P + 1
      IF (P.EQ.11) RETURN

C AUFTRAEGE DER ABZUGLEICHENDEN PERIODE SOWIE ZUGEHOERIGE
C KENNGROESSEN BESTIMMEN

      IAUF = IANR2(P)
      IF (IA.EQ.0) GO TO 1710
      DO 1700 I = 1,IA
      V(I) = V1(I)
      DO 1500 J = 1,IKO
 1500 AUFFUK(J,I) = AUFFU1(J,I)
      IANR(I) = IANR1(I)
      DO 1600 K = 1,IEF
 1600 AUFTR(K,I) = AUFTR1(K,I)
 1700 CONTINUE
 1710 III = IA + 1
      DO 2000 I = III,IAUF
      KK = I - IA + 13
      V(I) = V1(KK)
      IANR(I) = IANRI(KK)
      DO 1800 J = 1,IKO
 1800 AUFFUK(J,I) = AUFFU1(J,KK)
      DO 1900 K = 1,IEF
 1900 AUFTR(K,I) = AUFTR1(K,KK)
 2000 CONTINUE

C AUFTRAEGE DER FOLGENDEN DREI PERIODEN SOWIE ZUGEHOERIGE
C KENNGROESSEN BESTIMMEN

      IAUF1 = IAUF1 - IANRZ(P) + IANR2(P + 4)
```

```
      IP = IAUF1 - IANR2(P + 4) + 15
      DO 2300 I = 16,IP
      K1 = I + IANR2(P) - IA
      IANR1(I) = IANR1(K1)
      V1(I) = V1(K1)
      DO 2100 J = 1,IEF
 2100 AUFTR1(J,I) = AUFTR1(J,K1)
      DO 2200 K = 1,IKO
 2200 AUFFUL(K,I) = AUFFU1(K,K1)
 2300 CONTINUE
      IP = IP + 1
      IK = IAUF1 + 15

C AUFTRAEGE EINER WEITEREN PERIODE EINLESEN

      DO 2400 I = IP,IK
      READ (IR,2310) IANR1(I), (AUFTR1(J,I),J = 1,IEF)
 2310 FORMAT (I3,3X,5F5.2)
 2400 CONTINUE
      DO 2700 I = IP,IK
      DO 2600 J = 1,IKO

C VOLUMINA DER NEU EINGELESENEN AUFTRAEGE SOWIE DIE BELASTUNG DER
C FUNKTIONSKOMBINATIONEN DURCH DIESE AUFTRAEGE BESTIMMEN

      DO 2500 K = 1,IFT
      IFO = IFU(K,J)
 2500 SUM = SUM + AUFTR1(IFO,I)
      AUFFU1(J,I) = SUM
 2600 CONTINUE
 2700 CONTINUE
      DO 2900 I = IP,IK
      V1(I) = 0.0
      DO 2800 J = 1,IEF
 2800 V1(I) = V1(I) + AUFTR1(J,I)
 2900 CONTINUE
      DO 3000 I = 1,IAUF
 3000 CONTINUE

C********** PROGRAMMABSCHNITT UBUN **********
C UEBERLASTUNGEN UND UNTERLASTUNGEN FESTSTELLEN

 3010 UB = 0.0
      UN = 0.0
      DO 3100 I = 1,IKO
      UBER(I) = BFK(I) - KJG(I)
      UNTER(I) = KJG(I) - BFK(I)
      IF (UBER(I).LT.0.0) UBER(I) = 0.0
 3100 IF (UNTER(I).LT.0.0) UNTER(I) = 0.0
      DO 3200 I = 1,IKO
      IF (UBER(I).GT.UB) UB = UBER(I)
 3200 IF (UNTER(I).GT.UN) UN = UNTER(I)
      A = UB + UN
      CALL STEUER
      RETURN
      END
```

SUBROUTINE STEUER

```
   10 IF (A.LT.TA) GO TO 20
      GO TO 30
   20 IF (UB.LT.TUB) GO TO 620
   30 PA = 0
      PE = 0
      IF (UB.LT.UN) GO TO 240

C*** ******** PROGRAMMABSCHNITT VWAUS **********
C AUSLASTBARE AUFTRAEGE BEWERTEN

   40 VWAUS = - 300
      IAUSNR = 0
      Wl = 0.0
      Al = 0.0
      DO 200 I = 1,IAUF
      D = 0.0
      DO 100 J = 1,IKO
      IF (UBER(J).LE.0.0) GO TO 100
      DIF = UBER(J) - AJFFUK(J,I)
      IF (DIF.GT.D) D = DIF
  100 CONTINUE
      W = UB - D
      AKA = Y(I) - W
      VW = W - AKA
      IF (VW.LE.VWAUS) GO TO 200
      VWAUS = VW
      IAUSNR = I
      Wl = W
      Al = AKA
  200 CONTINUE
      IF (VWAUS.GT.0.0) GO TO 710
      PA = 1
      IF (PE.EQ.1) GO TO 710

C********* ***** PROGRAMMABSCHNITT VWEIN **********
C EINLASTBARE AUFTRAEGE BEWERTEN

  240 IEINR = 0
      VWEIN = 0.0
      Wl = 0.0
      Al = 0.0
      Il = IAUF1 + 15 - IA
      IF (IA.EQ.0) GO TO 410
      DO 400 I = 1,IA
      D = 0.0
      DO 300 J = 1,IKO
      IF (UNTER(J).LE.0.0) GO TO 300
      DIF = UNTER(J) - AUFFUI(J,I)
      IF (DIF.GT.D) D = DIF
  300 CONTINUE
  400 CONTINUE
  410 DO 600 I = 16,Il
```

```
      D = 0.0
      DO 500 J = 1,IKO
      IF (UNTER(J).LE.0.0) GO TO 500
      DIF = UNTER(J) - AUFFU1(J,I)
      IF (DIF.GT.D) D = DIF
  500 CONTINUE
      W = UN - D
      AKA = V1(I) - W
      VW = W - AKA
      IF (VW.LE.VWEIN) GO TO 600
      VWEIN = VW
      IEINR = I
      A1 = AKA
      W1 = W
  600 CONTINUE

C ENTSCHEIDUNG UEBER ABGLEICHSMASSNAHMEN TREFFEN

      IF (VWEIN.LE.0.0) GO TO 610
      CALL EINZEI
      GO TO 10
  610 PE = 1
      IF (PA.EQ.1) GO TO 710
      GO TO 40
  620 IF (P.EQ.PIO) CALL PERAB
      UBU(P) = UB
      UNU(P) = UN
      DO 700 J = 1,IAUF
  700 IAB(J,P) = IANR(J)
      CALL BELAST
  710 CALL AUSZEI
      GO TO 10
      RETURN
      END




            SUBROUTINE AJSZEI




C AUSLASTUNGSMASSNAHMEN DURCHFUEHREN

      DO 100 I = 1,IEF
  100 SUEIFU(I) = SUEIFJ(I) - AUFTR(I,IAUSNR)
      UB = UB - W1
      UN = UN + A1
      IANR2(P + 1) = IANR2(P + 1) + 1
      IA = IA + 1
      IAUS(IA) = IANR(IAUSNR)
      DO 200 J = 1,IEF
  200 AUFTR1(J,IA) = AJFTR(J,IAUSNR)
      V1(IA) = V(IAUSNR)
      DO 300 I = 1,IKO
```

```fortran
  300 AUFFUI(I,IA) = AUFFUK(I,IAUSNR)
      IANR1(IA) = IANR(IAUSNR)
      IAUF1 = IAUF1 + 1
      IUF = IAUF - 1
      IF (IAUSNR.EQ.IUF) GO TO 610
      IF (IAUSNR.EQ.IAUF) GO TO 820
      DO 600 I = IAUSNR,IUF
      IANR(I) = IANR(I+1)
      V(I) = V(I+1)
      DO 400 J = 1,IEF
  400 AUFTR(J,I) = AUFTR(J,I+1)
      DO 500 K = 1,IKO
  500 AUFFUK(K,I) = AUFFUK(K,I+1)
  600 CONTINUE
      GO TO 820
  610 IANR(IUF) = IANR(IAUF)
      V(IUF) = V(IAUF)
      DO 700 I = 1,IKO
  700 AUFFUK(I,IUF) = AUFFUK(I,IAUF)
      DO 800 I = 1,IEF
  800 AUFTR(I,IUF) = AUFTR(I,IAUF)
  820 IAUF = IUF
      IANR2(P) = IAUF
      RETURN
      END




      SUBROUTINE EINZEI




C EINLASTUNGSMASSNAHMEN DURCHFUEHREN

      DO 100 I = 1,IEF
  100 SUEIFU(I) = SUEIFU(I) + AUFTRI(I,IEINR)
      UB = UB + A1
      UN = UN - W1
      IAUF = IAUF + 1
      IANR2(P) = IAUF
      IB = IB + 1
      IEIN(IB) = IANR1(IEINR)
      DO 200 J = 1,IEF
  200 AUFTR(J,IAUF) = AUFTRI(J,IEINR)
      IANR(IAUF) = IANR1(IEINR)
      V(IAUF) = VI(IEINR)
      DO 300 I = 1,IKO
  300 AUFFUK(I,IAUF) = AUFFUI(I,IEINR)
      I1 = IAUF1 + 15 - 1
      IL = I1 + 1
      IF (IEINR.LE.IA) I1 = IA - 1
      IF (IEINR.EQ.I1) GO TO 610
```

```
      IF (IEINR.EQ.IL) GO TO 820
      DO 600 I = IEINR,I1
      DO 400 J = 1,IEF
  400 AUFTR1(J,I) = AUFTR1(J,I+1)
      DO 500 K = 1,IKU
  500 AUFFUI(K,I) = AUFFUI(K,I+1)
      IANR1(I) = IANR1(I+1)
  600 V1(I) = V1(I+1)
      GO TO 820
  610 IANR1(I1) = IANR1(IAUF1)
      DO 700 I = 1,IEF
  700 AUFTR1(I,I1) = AUFTR1(I,IAUF1)
      DO 800 I = I,IKU
  800 AUFFUI(I,I1) = AUFFUI(I,IAUF1)
      V1(I1) = V1(IAUF1)

C ZAHL DER AUFTRAEGE IN DEN EINZELNEN PERIODEN BESTIMMEN

  820 IAUF1 = IAUF1 - 1
      IZ1 = IANR2(P + 1) + 15 - IA
      IL1 = IZ1 + IANR2(P + 2)
      IL2 = IL1 + IANR2(P + 3)
      IF (IEINR.GT.IZ1) GO TO 830
      IANR2(P + 1) = IANR2(P + 1) - 1
      RETURN
  830 IF (IEINR.GT.IL1) GO TO 840
      IANR2(P + 2) = IANR2(P + 2) - 1
      RETURN
  840 IF (IEINR.GT.IL2) GO TO 850
      IANR2(P + 3) = IANR2(P + 3) - 1
      RETURN
  850 IANR2(P + 4) = IANR2(P + 4) - 1
      RETURN
      END




      SUBROUTINE PERAB




C AUSDRUCKEN DER ERGEBNISSE

      WRITE (IW,10)
   10 FORMAT (1H ,5X,3X,2HP1,3X,2HP2,3X,2HP3,3X,2HP4,3X,2HP5,3X,2HP6,
     13X,2HP7,3X,2HP8,3X,2HP,,2X,3HP10)
      WRITE (IW,20) (UBU(I),I = 1,P10)
   20 FORMAT (1H0,5HUB = ,10(F5.2))
   30 FORMAT (1H0,5HUN = ,10(F5.2))
      WRITE (IW,30)
      WRITE (IW,40)
   40 FORMAT (1H ,1H )
```

```
      DO 100 I = 1,30
      WRITE (14,50) (IAB(I,J),J = 1,IP)
   60 FORMAT (1H ,5X,10(2X,I3))
  100 CONTINUE
      STOP
      RETURN
      END
```

IPA Forschung und Praxis
Schriftenreihe aus dem Institut für Produktionstechnik und Automatisierung, Stuttgart

Herausgeber: Prof. Dr.-Ing. H. J. Warnecke

Stufenweise Ableitung eines praktischen Planungssystems für den Entwicklungsbereich
Von R. Hichert. ISBN 3-7830-0149-8.
1978, 151 Seiten, kartoniert.   52,— DM

Produktionsplanung mit Auftragsfamilien
Von U. W. Geitner. ISBN 3-7830-0161.7.
1979, 110 Seiten, kartoniert.   45,— DM

Thermisch-chemisches Entgraten
Von T. Wagner. ISBN 3-7830-0164-1.
1979, 111 Seiten, kartoniert.   45,— DM

Untersuchung der Materialflußkosten bei ausgewählten Systemen der Zentralen Arbeitsverteilung
Von R. Wenzel. ISBN 3-7830-0162-5.
1979, 168 Seiten, kartoniert.   86,— DM

Anpassung und Einführung eines Planungssystems für die Ablaufplanung im Konstruktionsbereich
Von W. Dangelmaier. ISBN 3-7830-0163-3.
1979, 168 Seiten, kartoniert.   80,— DM

Längenmessungen an bewegten Teilen mit berührungslos wirkenden Aufnehmern
Von H. Lang. ISBN 3-7830-0157-9.
1979, 89 Seiten, kartoniert.   42,— DM

Untersuchung multistabiler Strömungselemente und ihr Einsatz in sequentiellen Steuerungen
Von A. Ernst. ISBN 3-7830-0157-9.
1979, 122 Seiten, kartoniert.   48,— DM

Taktile Sensoren für programmierbare Handhabungsgeräte
Von M. Schweizer. ISBN 3-7830-0158-7.
1979, 91 Seiten, kartoniert.   42,— DM

Die rechnerunterstützte Prüfplanung
Von P. Bläsing. ISBN 3-7830-0152-8.
1979, 100 Seiten, kartoniert.   44,— DM

Verfahren zur Fabrikplanung im Mensch-Rechner-Dialog am Bildschirm
Von W. Ernst. ISBN 3-7830-0156-0.
1979, 218 Seiten, kartoniert.   72,— DM

Rechnerunterstütztes Verfahren zur Leistungsabstimmung von Mehrmodell-Montagesystemen
Von M. Görke. ISBN 3-7830-0155-2.
1979, 139 Seiten, kartoniert.   50,— DM

Standortbezogene Betriebsmittel
Von G. Pflieger. ISBN 3-7830-0167-6.
1979, 127 Seiten, kartoniert.   52,— DM

Die betriebswirtschaftliche Beurteilung neuer Arbeitsformen
Von B.-H. Zippe. ISBN 3-7830-0168-4.
1979, 350 Seiten, kartoniert.   98,— DM

Untersuchung des Arbeitsverhaltens programmierbarer Handhabungsgeräte
Von B. Brodbeck. ISBN 3-7830-0169-2.
1979, 117 Seiten, kartoniert.   48,— DM

Untersuchung eines kohärent-optischen Verfahrens zur Rauheitsmessung
Von N. Rau. ISBN 3-7830-0174-9.
1979, 117 Seiten, kartoniert.   48,— DM

Entwicklung einer programmierbaren, pneumatischen Steuerung
Von D. Klemenz. ISBN 3-7830-0171-4.
1979, 93 Seiten, kartoniert.   42,— DM

Diese Berichte sind zu beziehen durch den Krausskopf-Verlag, Lessingstraße 12, 6500 Mainz

IPA Forschung und Praxis

Berichte aus dem Fraunhofer-Institut für Produktionstechnik und
Automatisierung, Stuttgart, und dem Institut für Industrielle Fertigung
und Fabrikbetrieb der Universität Stuttgart

Herausgeber: Prof. Dr.-Ing. H. J. Warnecke

Die Berichte 38 und folgende sind zu beziehen durch den Springer-Verlag, Berlin Heidelberg New York